MATERIALIEN FÜR DEN SEKUNDARBEREICH II

MATHEMATIK

Einführung in die Beurteilende Statistik

von
Heinz Klaus Strick

Schroedel Schulbuchverlag

MATERIALIEN FÜR DEN SEKUNDARBEREICH II

MATHEMATIK

Zu diesem Band erscheint
für Schüler und Lehrer
ein Lösungsheft mit
*Kommentar und
ausführlichen Lösungen*
(Best.-Nr. 83 302)

ISBN 3-507-**83202**-x

© 1980 Schroedel Schulbuchverlag GmbH, Hannover

Alle Rechte vorbehalten. Die Vervielfältigung und Übertragung auch einzelner Textabschnitte, Bilder oder Zeichnungen ist – mit Ausnahme der Vervielfältigung zum persönlichen und eigenen Gebrauch gemäß §§ 53, 54 URG – ohne schriftliche Zustimmung des Verlages nicht zulässig. Das gilt sowohl für die Vervielfältigung durch Fotokopie oder irgendein anderes Verfahren als auch für die Übertragung auf Filme, Bänder, Platten, Arbeitstransparente oder andere Medien.

Druck A $^{8\ 7\ 6\ 5\ 4}$ / Jahr 1988 87 86 85 84

Alle Drucke der Serie A sind im Unterricht parallel verwendbar.
Die letzte Zahl bezeichnet das Jahr dieses Druckes.

Zeichnungen: Peter Langner und Rolf Jahnz
Umschlagentwurf: Sylvia Christian-Kleint
Druck: Kleins Druck- und Verlagsanstalt, Lengerich

Inhaltsverzeichnis

Hinweise für den Leser 5

1. Grundbegriffe der Stochastik/ Wahrscheinlichkeitsrechnung
1.1. Einführung in die Problematik und erste Definitionen 7
1.2. Elementare Begriffe und Regeln zum Rechnen mit Wahrscheinlichkeiten 14
1.3. Pfadregeln 22
1.4. Erwartungswert von Zufallsgrößen 26
1.5. Kombinatorische Probleme 30

2. Binomialverteilungen
2.1. BERNOULLI-Versuche 38
2.2. Eigenschaften von Binomialverteilungen . 44
2.3. Anwendung der Binomialverteilung . . . 49
2.4. Binomialverteilungen bei großem Stichprobenumfang 52
2.5. σ-Umgebungen 56
2.6. Schluß von der Gesamtheit auf die Stichprobe 58

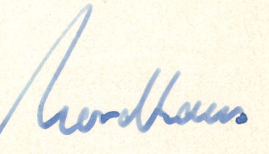

3. Schätzen und Testen
3.1. Schluß von der Stichprobe auf die Gesamtheit, Konfidenzintervalle 64
3.2. Testen von Hypothesen 70
3.3. Der notwendige Umfang einer Stichprobe . 76

4. Anwendungsaufgaben
4.1. Meinungsbefragungen und Wahlprognosen 80
4.2. Aufgaben zur Genetik 84
4.3. Statistik der Geburten 94
4.4. Glücksspiele 97
4.5. Sprache und Namen 100
4.6. Verschiedene Gebiete 102

Anhang
Ausblick: 1. Normalverteilung 104
2. Polynomialverteilung 105
3. χ^2-Test 106

Tabellen zur Binomialverteilung 108

Stichwortverzeichnis 110

Bildquellenverzeichnis

Seite 7: H. Luckhaupt, Hannover; Stern, Hamburg; U. Niehuus, Essen; Seite 64: Presse- und Informationsamt der Bundesregierung, Bonn; Seite 92: H. K. Strick, Leverkusen

Hinweise für den Leser

Zum Thema

Es vergeht kaum ein Tag, an dem nicht die Ergebnisse von statistischen Erhebungen in der Tagespresse zu finden sind.

Die Reaktionen hierauf sind verschieden: Für manche Leser ist eine statistisch begründete Aussage eine besondere Form der Lüge, andere sind von der Richtigkeit der Aussagen überzeugt wie bei einem Beweis.

Dies berührt die Grundfragen der Mathematischen Statistik:

- Was läßt sich mit Hilfe von Daten aus Erhebungen tatsächlich beweisen?
- Wie genau sind Angaben, die man aus Erhebungen erhalten kann?

Dieses Buch will in die wesentlichen Methoden der Beurteilenden Statistik einführen: das Testen von Hypothesen (Problem des Beweisens) und die Schätzung von Verteilungsparametern (Aussagen über die Genauigkeit).

Zur Stoffauswahl

Das Buch ist für den Unterricht im Grundkurs konzipiert; es kann jedoch auch als Grundlage für den Unterricht im Leistungskurs verwendet werden. Erprobungen haben gezeigt, daß ein Kurshalbjahr ausreicht (ca. 50 Unterrichtsstunden).

Die Einführung in Grundlagen der Beurteilenden Statistik läßt sich in diesem Zeitraum nur erreichen, wenn man

- unter den vielen möglichen Verteilungen eine geeignete Auswahl trifft und
- die Behandlung der Grundlagen aus der Wahrscheinlichkeitsrechnung angemessen reduziert.

Dieses Buch beschäftigt sich vor allem mit der Bedeutung der Binomialverteilungen in der Statistik. Der Zusammenhang von Binomialverteilungen mit den Normalverteilungen wird benutzt, ohne dies zunächst zu thematisieren (Information hierzu im Anhang).

Von den Grundlagen der Wahrscheinlichkeitsrechnung werden im 1. Kapitel vor allem die Grundbegriffe und Methoden behandelt, die für die Bearbeitung der weiteren Kapitel notwendig sind.

Zum Aufgabenmaterial

Das Aufgabenmaterial beruht zum großen Teil auf Veröffentlichungen des Bundesamtes für Statistik und auf Befragungen von Instituten für Demoskopie oder stammt aus anderer wissenschaftlicher Literatur. Es soll dazu anregen, selbständig Fragen zu entwickeln und die statistisch zulässigen Antworten zu geben, wann immer der Leser auf interessante Veröffentlichungen stößt.

Zum Kursverlauf

In den Eingangskapiteln sind die Grundlagen so dargestellt, daß der Unterricht entsprechend dem Leistungsvermögen und den Vorkenntnissen der Schüler mehr oder weniger straff durchgeführt werden kann. Die Eigenschaften von Binomialverteilungen (2. Kapitel) können auch parallel in Gruppen erarbeitet werden.

Wenn der Zeitrahmen es nicht anders zuläßt, kann man sich im 3. Kapitel mit der Behandlung einer der beiden grundlegenden Methoden (Schätzen *oder* Testen) begnügen. Die Reihenfolge ist gemäß Kurskonzept ebenfalls beliebig.

Das 4. Kapitel bringt keine methodischen Erweiterungen. Nach Bedarf können hieraus Abschnitte oder nur einzelne Übungen im Unterricht (auch an anderer Stelle) besprochen werden.

Im Anhang werden kurz dargestellt: der Zusammenhang von Binomial- und Normalverteilung und die Behandlung des χ^2-Tests. Auch hier ist eine frühere Behandlung möglich.

Gestaltung und Aufbau der einzelnen Abschnitte

In den einzelnen Kapiteln werden die angesprochenen Methoden und Eigenschaften nicht im Lehrtext eingeführt, sondern als *Aufgaben* mit vollständiger Lösung behandelt. Bei Bedarf werden neue Begriffe anhand von *Beispielen* erläutert. Zu jeder wichtigen Fragestellung sind jeweils *Übungen* in ausreichendem Umfang angefügt (Grauraster).

Der Autor dankt allen Kolleginnen und Kollegen, die den Kurs erprobten und Anregungen und Hinweise auf interessante Problemstellungen gaben, sowie allen, die an der Gestaltung des Buches mitgewirkt haben.

Leverkusen, im Oktober 1979   Heinz Klaus Strick

  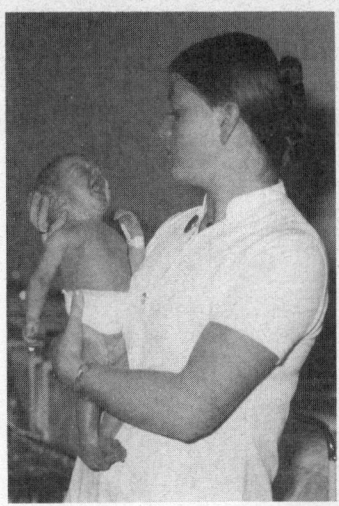

1. Grundbegriffe der Stochastik / Wahrscheinlichkeitsrechnung

1.1. Einführung in die Problematik und erste Definitionen

1. Ein Hersteller von Rundfunk- und Phonogeräten wollte herausfinden, ob der Markt für Kassettenrecorder gesättigt ist oder ob hier noch große Umsätze möglich sind. Ein Institut für Marktforschung wurde beauftragt, dies zu untersuchen. Dazu führte man Befragungen in 500 zufällig ausgesuchten Haushalten durch.

Das Institut berichtete anschließend, daß in 30% aller Haushalte ein Kassettenrecorder vorhanden sei.

Wie viele Haushalte mit Kassettenrecorder wurden vermutlich angetroffen?

2. Ein LKW-Hersteller wirbt für seine Fahrzeuge u.a. mit der Bemerkung, daß mehr als die Hälfte aller LKW auf Deutschlands Straßen von dieser Firma produziert würde.

Bei einer Fahrt auf einem Autobahnabschnitt begegnen uns 59 LKW, davon 39 von der betreffenden Firma.

Beweist dieses Resultat die Firmenveröffentlichung?

3. Die Zeitschrift SPIEGEL druckte in Heft 46, 1976, folgende Notiz:

> **Sohn siegt knapp vor Tochter**
> Junge oder Mädchen? Wenn Frauen die Möglichkeit hätten, das Geschlecht eines Kindes zu beeinflussen, würden es 59 Prozent tun. Die Entscheidung fiele knapp zugunsten eines Sohnes (31%) im Vergleich zu dem Wunsch nach einer Tochter (28%) aus. Das stellte der Erlanger Diplompsychologe Matthias Wenderlein fest, der 385 Frauen befragte

Reicht eine Befragung von 385 Frauen aus, um zu sagen, daß die Mehrheit aller Frauen das Geschlecht eines Kindes beeinflussen würde, wenn dies möglich wäre?

Kann man aus der Notiz nicht genauso schließen, daß Frauen, die das Geschlecht beeinflussen wollen, im gleichen Maße Söhne wie Töchter wünschen?

Wie viele Frauen hätten befragt werden müssen, damit bei gleichem prozentualem Ausgang der Befragung eine Überschrift wie bei der Zeitungsnotiz gerechtfertigt wäre?

In Problem **1** geht es um eine Befragung, die (aus Kostengründen) nur in relativ kleinem Umfang durchgeführt wird. Eine **Stichprobe vom Umfang** 500 wird aus der **Grundgesamtheit** aller Haushalte ausgesucht. Bei jeder einzelnen Befragung sind die **Ausgänge** (oder: **Ergebnisse**) *Ein Kassettenrecorder ist vorhanden* bzw. *Ein Kassettenrecorder ist nicht vorhanden* möglich.

Beispiele:

(1) Beim Würfeln hat man die sechs möglichen Ausgänge von 1, 2, 3, 4, 5 oder 6 Augen.

Das Ergebnis jeder einzelnen Befragung läßt sich nicht mit Sicherheit vorhersagen (und damit auch nicht das Gesamtergebnis der 500 Befragungen).

Die Befragung kann (wenigstens theoretisch) beliebig oft wiederholt werden (hier ist sie 500mal durchgeführt worden).

(2) Die Bestimmung der Körpergröße einer Bevölkerungsgruppe ist ein Zufallsversuch mit (theoretisch) unendlich vielen möglichen Ausgängen (man sagt auch: Das **Merkmal** *Körpergröße* hat unendlich viele **Merkmalsausprägungen**); in der Praxis gibt man sich mit einer endlichen Anzahl von Ausgängen (Merkmalsausprägungen) zufrieden (z.B. den Ausprägungen 160 cm, 161 cm, ...).

> Ein (zumindest theoretisch) beliebig oft wiederholbarer Vorgang, dessen Ausgang (Ergebnis) sich nicht mit Sicherheit vorhersagen läßt, heißt **Zufallsversuch (Zufallsexperiment).**

Ü 1

In Problem **3** haben wir es auch mit einer Befragung zu tun.

Warum ist dies ein Zufallsversuch?

Bestimme die Grundgesamtheit, aus der die Stichprobe genommen wird!

Welchen Umfang hat die Stichprobe?

Beantworte die entsprechenden Fragen für Problem **2**.

Ü 2

Begründe, warum die folgenden *Vorgänge* als Zufallsversuche aufgefaßt werden können!

Nenne Beispiele für mögliche Ausgänge! Ist die Zahl der Ausgänge endlich oder unendlich?

a) Fußballspiel der Bundesliga,
b) Geburtstage der Schüler einer Klasse,
c) Körpergewicht von männlichen Neugeborenen,
d) Ziehung der Lottozahlen,
e) Monatseinkommen der Bewohner eines Ortes.

Es kann sein, daß bei einer Stichprobe nicht alle *möglichen* Ausgänge auftreten, z.B. brauchen beim 6maligen Würfeln nicht alle Augenzahlen 1, 2, 3, 4, 5, 6 vorzukommen.

Die Anzahl der zu einer Stichprobe gehörenden Zufallsversuche bezeichnen wir als *Stichprobenumfang*.

Bei den Problemen **1, 2, 3** handelt es sich um Zufallsversuche, bei denen nur zwei (bzw. drei) Ausgänge betrachtet wurden. Es gibt natürlich auch Zufallsversuche, bei denen mehr als drei Ausgänge möglich sind.

Auch die Befragung einer einzelnen Person ist eine Stichprobe (vom Umfang 1); man spricht hier von einem **einstufigen** Zufallsversuch. Bei den bisher betrachteten Stichproben handelt es sich um **mehrstufige** Zufallsversuche.

Wie kommt man bei Problem **1** zu der Angabe »... in 30% der Haushalte ...«?

Wir erwarten, daß man den Anteil mit der für den Verwendungszweck nötigen Genauigkeit auch schon mit Hilfe einer Stichprobe von hinreichend großem Umfang **schätzen** kann.

D.h. bei Problem **1** kann man vermuten, daß in 30% der befragten Haushalte, also in 150 Haushalten, ein Kassettenrecorder vorhanden war.

Von dem Institut für Marktforschung wurde daraufhin *geschätzt*, daß auch in 30% *aller* Haushalte der Bundesrepublik ein Kassettenrecorder vorhanden sei.

Den Prozentsatz 30% erhält man durch Bilden des Verhältnisses:

$$\frac{\text{Anzahl der Haushalte mit Kassettenrecorder}}{\text{Gesamtzahl der befragten Haushalte}}$$

> Die **relative Häufigkeit** eines Ausgangs (einer Merkmalsausprägung) in einer Stichprobe ist definiert als Verhältnis der **absoluten Häufigkeit**, mit der ein Ausgang (eine Merkmalsausprägung) in der Stichprobe auftritt, zum **Stichprobenumfang**.

Ü 3

Ein Marktforschungsinstitut untersuchte die Ausstattung von Haushalten mit Konsumgütern. Von 743 untersuchten Haushalten besaßen

(1) 516 ein Telefon,

(2) 702 ein Rundfunkgerät, davon 174 mit Stereo-Empfangsmöglichkeit,

(3) 696 ein Fernsehgerät, davon 347 ein Farbfernsehgerät,

(4) 95 eine Schmalfilmkamera.

a) Bestimme die relative Häufigkeit, mit der diese Konsumgüter in den untersuchten Haushalten vorhanden sind!

b) Bestimme die relative Häufigkeit, mit der Stereo-Rundfunkgeräte (Farbfernsehgeräte) in Haushalten mit Rundfunkgerät (Fernsehgerät) vorhanden sind!

Wir erwarten weiter, daß die Genauigkeit der Schätzung mit wachsendem Stichprobenumfang ebenfalls zunimmt.

Beispiel:

Bei den Prüfstellen des Technischen Überwachungs-Vereins werden Fahrzeuge überprüft. Hat ein Fahrzeug keine oder nur unerhebliche Mängel, so erhält es eine Prüfplakette; sonst muß es wieder vorgeführt werden.

Die Tabelle enthält die Daten einer Prüfstelle von fünf aufeinanderfolgenden Wochen mit Zwischensummen und relativen Häufigkeiten:

Tag	Anzahl pro Tag		Gesamtzahl		relative Häufigkeit
	ausgegebene Plaketten	untersuchte Fahrzeuge	ausgegebene Plaketten	untersuchte Fahrzeuge	
1	103	151	103	151	0,682
2	104	150	207	301	0,688
3	93	136	300	437	0,686
4	85	125	385	562	0,685
5	85	130	470	692	0,679
6	97	158	567	850	0,667
7	104	157	671	1007	0,666
8	100	151	771	1158	0,666
9	105	164	876	1322	0,663
10	81	130	957	1452	0,659
11	84	130	1041	1582	0,658
12	100	144	1141	1726	0,661
13	92	134	1233	1860	0,663
14	88	141	1321	2001	0,660
15	71	129	1392	2130	0,654
16	106	148	1498	2278	0,658
17	117	158	1615	2436	0,663
18	108	171	1723	2607	0,661
19	83	144	1806	2751	0,656
20	95	128	1901	2879	0,660
21	103	163	2004	3042	0,659
22	110	164	2114	3206	0,659
23	107	163	2221	3369	0,659
24	92	149	2313	3518	0,657
25	63	106	2376	3624	0,656

Stellt man die relative Häufigkeit des Ausgangs *Fahrzeug erhielt Plakette* in Abhängigkeit vom Stichprobenumfang in einem Koordinatensystem dar, so erkennt man, daß sich diese relative Häufigkeit stabilisiert:

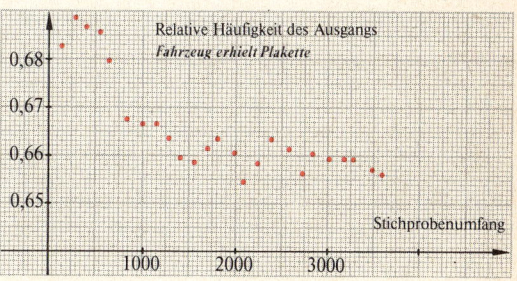

Stabilität der relativen Häufigkeit bei langen Versuchsreihen

Mit wachsendem Stichprobenumfang stabilisieren sich die relativen Häufigkeiten für eine betrachtete Merkmalsausprägung um einen bestimmten Wert.

Diesen Wert nehmen wir als **Wahrscheinlichkeit** dafür, daß bei einer Stichprobe (vom Umfang 1) der betrachtete Ausgang vorliegt.

Ü 4

Abgastests können nur bei Benzin- und nicht bei Dieselfahrzeugen durchgeführt werden.

In der Prüfstelle des TÜV im Beispiel auf S. 9 wurden an den 25 betrachteten Tagen folgende absolute Häufigkeiten für die Durchführung des Abgastests notiert: 103, 112, 94, 95, 81, 102, 99, 110, 107, 92, 92, 110, 100, 98, 79, 107, 119, 114, 95, 94, 110, 124, 116, 110, 73.

Untersuche die Entwicklung der relativen Häufigkeit für *Abgastest wurde durchgeführt*.

Ü 5

Von den ca. 20 020 200 PKW und Kombifahrzeugen, die es am 1.7.1977 in der Bundesrepublik (einschließlich Westberlin) gab, hatten im Jahre ... ihre Erstzulassung:

Jahr	Anzahl	Jahr	Anzahl
1951 und früher	4 200	1969	1 435 500
1952–1962	265 500	1970	1 845 400
1963	120 600	1971	1 975 700
1964	210 400	1972	2 024 900
1965	393 100	1973	1 943 500
1966	598 800	1974	1 648 500
1967	757 500	1975	2 082 900
1968	982 300	1976	2 301 100
		1977	1 430 300

a) Bestimme die relativen Häufigkeiten für die einzelnen Zulassungsjahre!
b) Mit welcher Wahrscheinlichkeit hätte man am 1.7.1977 ein Fahrzeug angetroffen, das
  (1) vor 1967,
  (2) zwischen 1967 und 1973,
  (3) nach 1973 erstmals zugelassen wurde?

Ü 6

In sogenannten Sterbetafeln wird festgehalten, wie viele von 100000 Lebendgeborenen das Alter x erreichen (ohne Kriegssterbefälle):

x	männlich	weiblich
0	100 000	100 000
1	97 808	98 326
2	97 686	98 218
5	97 474	98 053
10	97 239	97 891
15	97 050	97 771
20	96 372	97 501
25	95 622	97 225
30	94 983	96 928
35	94 179	96 506
40	93 066	95 908
45	91 341	94 938
50	88 696	93 421
55	84 695	91 116
60	78 762	87 876
65	69 888	83 001
70	56 962	75 107
75	40 865	62 603
80	24 389	44 888
85	11 192	24 806
90	3 513	9 197

Aus der Tabelle lesen wir z.B. ab:

Von 100 000 Lebendgeborenen erreichen

96 372 Männer das Alter von 20 Jahren,
94 179 Männer das Alter von 35 Jahren.

Die relative Häufigkeit:

$\frac{94179}{96372} = 0{,}977$ kann zur Schätzung

der Wahrscheinlichkeit dafür dienen, daß ein 20-Jähriger 35 Jahre alt wird.

Bestimme die Wahrscheinlichkeit, daß

a) ein 30-Jähriger 50 Jahre alt wird,
b) eine 30-Jährige 50 Jahre alt wird,
c) ein 40-Jähriger 65 Jahre alt wird!

Im Fall von Problem **1** kann man (zumindest theoretisch) den genauen Anteil der Haushalte mit Kassettenrecorder feststellen; die Wahrscheinlichkeit (als relative Häufigkeit) ist in diesem Beispiel genau bestimmbar. Es gibt aber auch Zufallsversuche, bei denen dies nicht (auch theoretisch nicht) gelingen kann:

Beispiele:

(1) Bei der Produktion von Werkstücken wird immer ein Anteil an unbrauchbarer Ware vorhanden sein. Im Laufe einer Produktion kann die relative Häufigkeit von Fehlstücken schwanken – bei Verschleiß der Produktionsmittel bzw. deren Reparatur. Hier muß man sich mit der relativen Häufigkeit am Anfang der Produktion (als Schätzwert für die Wahrscheinlichkeit) begnügen.

Dieser Anfangswert ist Bezug für die Produktionskontrolle: Weicht der Anteil an unbrauchbaren Stücken bei einer Zwischenstichprobe erheblich vom Anfangswert ab, dann ist dies ein Hinweis für die Notwendigkeit, die Produktionsmittel zu überprüfen.

(2) Für wichtige Sportveranstaltungen (z.B. Olympiaden, Welt- und Europameisterschaften) sucht man sich Termine aus, die ein günstiges Wetter erwarten lassen. Hierzu überprüft man, wie das Wetter am Austragungsort der Sportveranstaltung in den letzten Jahren (Jahrzehnten) war. Die hierdurch gefundenen relativen Häufigkeiten werden als Schätzwerte für Wahrscheinlichkeiten angenommen.

(3) Man kann die Wahrscheinlichkeit für einen Heimsieg einer Fußballmannschaft mit Hilfe von relativen Häufigkeiten nur unzureichend schätzen:

	1. Bundesliga, Saison 1978/79			
	Heim-siege	Unent-schieden	Heimnieder-lagen	Gesamt
absolute Häufigkeiten	166	85	55	306
relative Häufigkeiten	0,542	0,278	0,180	1

Warum ist es zwecklos, diese relativen Häufigkeiten als Grundlage für einen Tip zu nehmen?

Ü 7

Ergänze die folgenden Tabellen und vergleiche!

	2. Bundesliga Nord, Saison 1978/79			
	Heim-siege	Unent-schieden	Heimnieder-lagen	Gesamt
absolute Häufigkeiten	201	108	71	
relative Häufigkeiten				

	2. Bundesliga Süd, Saison 1978/79			
	Heim-siege	Unent-schieden	Heimnieder-lagen	Gesamt
absolute Häufigkeiten	220	75	85	
relative Häufigkeiten				

Ü 8

Wirft man einen Reißnagel, so kann er in Lage ⊥ oder ⋋ fallen. In der Tabelle sind die Ergebnisse für 50 Würfe mit je 25 gleichartigen Reißnägeln protokolliert:

Laufende Nummer des Wurfs	Anzahl der Reißnägel in	
	Lage ⊥	Lage ⋋
5	61	64
10	122	128
15	182	193
20	245	255
25	303	322
30	361	389
35	416	459
40	475	525
45	536	589
50	604	646

Stelle die Entwicklung der relativen Häufigkeiten im Koordinatensystem dar!

Ü 9

Schätze einen Näherungswert für die Wahrscheinlichkeit, daß beim Wurf eine leere Streichholzschachtel auf der Oberseite, Unterseite, auf der kürzeren oder längeren Seitenfläche zum Liegen kommt!

Es gibt auch Zufallsversuche, bei denen man nicht auf Schätzwerte für Wahrscheinlichkeiten angewiesen ist, weil alle Versuchsausgänge gleichberechtigt sind:

Beispiele:

(1) Wenn ein Würfel homogen und symmetrisch ist, erscheint jede der sechs Flächen des Würfels gleichberechtigt: Die Wahrscheinlichkeit für jeden Ausgang beträgt $\frac{1}{6}$.

(2) Die Wahrscheinlichkeit für jeden Ausgang beim Münzwurf (Kopf oder Zahl) beträgt $\frac{1}{2}$.

(3) Für das Ziehen einer Kugel aus einem Gefäß mit n gleichartigen unterscheidbaren Kugeln gilt: Die Wahrscheinlichkeit für jeden Ausgang beträgt $\frac{1}{n}$.

Sind bei einem Zufallsversuch alle möglichen Ausgänge gleichberechtigt, dann ist die Wahrscheinlichkeit eines jeden Ausgangs gegeben durch:

$$\frac{1}{\text{Anzahl der möglichen Ausgänge}}$$

Wir nennen Wahrscheinlichkeiten, die wir aufgrund von Symmetrie- und Homogenitätsüberlegungen festlegen, **LAPLACE-Wahrscheinlichkeiten** (nach Pierre Simon LAPLACE, 1749–1827).

Zufallsversuche mit gleichberechtigten Ausgängen werden **LAPLACE-Versuche** genannt.

Ü 10

In den drei Beispielen wurden Würfeln, Münzwurf und Ziehung von Kugeln als Zufallsversuche angegeben, bei denen jeder Ausgang gleichberechtigt ist.

Nenne weitere Beispiele, in denen LAPLACE-Wahrscheinlichkeiten vorliegen!

Auch bei LAPLACE-Versuchen stabilisieren sich bei der praktischen Versuchsdurchführung die relativen Häufigkeiten für den betrachteten Ausgang, und zwar um den theoretisch vorhergesagten Wert.

Daher kann man mit Hilfe langer Versuchsreihen prüfen, ob z.B. eine Münze so homogen und symmetrisch ist, wie wir im idealen Fall annehmen.

Ü 11

Wirf 50mal eine 1-DM-Münze und zähle, wie oft Zahl bzw. Wappen eintritt! Trage die Häufigkeiten des Kurses zusammen!

Stelle die Entwicklung der relativen Häufigkeiten dar!

Ü 12

Würfele 60mal und bestimme die absolute und relative Häufigkeit, mit der Augenzahl 6 auftritt. Trage die absoluten Häufigkeiten des Kurses zusammen und vergleiche!

Im folgenden werden wir bei vielen Versuchen zunächst annehmen, daß es sich um LAPLACE-Versuche handelt.

Unter dieser Annahme werden wir bestimmen, wie weit die relativen Häufigkeiten (bestimmt durch lange Versuchsreihen) von den theoretisch bestimmten LAPLACE-Wahrscheinlichkeiten abweichen dürfen.

Damit werden wir experimentell ermitteln, ob die Annahme eines LAPLACE-Versuches gerechtfertigt war.

Zusammenfassung:

Bisher haben wir zwei verschiedene Problemstellungen angesprochen:

1. Wir kennen die relative Häufigkeit einer Merkmalsausprägung in einer Stichprobe und machen dann eine Aussage über die Wahrscheinlichkeit, die dem Zufallsversuch zugrunde liegt.
   Problemtyp: *Schluß von der Stichprobe auf die Gesamtheit*
   (Beispiele: Eingangsprobleme)

2. Wir kennen die Wahrscheinlichkeit für einen bestimmten Ausgang und machen Aussagen über zulässige relative Häufigkeiten der Merkmalsausprägung in einer Stichprobe.
   Problemtyp: *Schluß von der Gesamtheit auf die Stichprobe*
   (Beispiele: LAPLACE-Versuche)

Probleme bei praktischer Stichprobennahme

Bei der Veröffentlichung von Meinungsumfrage-Ergebnissen ist oft von *repräsentativen Erhebungen* die Rede.

Dies bedeutet: Von der zu untersuchenden Grundgesamtheit ist eine Stichprobe genommen worden, die ein verkleinertes Abbild der Grundgesamtheit darstellen soll, d.h. der Anteil jeder Gruppe mit einer bestimmten Merkmalsausprägung (auch *Quote* genannt) ist in der Stichprobe genauso groß wie in der Gesamtheit.

Die Merkmale, die bei der Quotenbildung berücksichtigt werden, sind z.B.: Geschlecht, Alter, Familienstand, Konfession, Schulbildung, Wohnortgröße, Region.

Die Meinungsforschungsinstitute verlangen von den einzelnen Befragern, daß sie in ihrer Befragungsgruppe die vorgegebenen Quoten einhalten – die Auswahl der Befragten wird den Interviewern überlassen. Die Auswertung solcher Erhebungen kann nicht mit den mathematischen Methoden erfolgen, mit denen Zufallsstichproben ausgewertet werden.

Eigentliche **Zufallsstichproben** lassen sich praktisch nur durch Losverfahren verwirklichen. Bei Erhebungen müßte man Dateien von allen Personen einer betrachteten Gesamtheit vorliegen haben, aus denen man dann die zu befragenden Personen für die Stichprobe auslosen kann.

Da man dieses kaum realisieren kann, benutzt man zufallsgesteuerte Verfahren:

Beim *geschichteten Stichprobenverfahren* werden Schichtungen (z.B. nach Altersgruppen oder regionalen Gesichtspunkten) der Gesamtheit berücksichtigt. Wie beim Quotenverfahren werden den Quoten entsprechende Teilstichproben genommen. Innerhalb dieser Teilstichproben ist die Auswahl jedoch zufällig. Beim *Klumpenverfahren* werden Gruppen zufällig ausgesucht; innerhalb dieser Gruppen wird jeder befragt.

Beispiel:

Bei einer Meinungsumfrage in einer Schule kann man die Interviewpartner aus der Liste der Schüler auslosen *(reine Zufallsstichprobe)* oder aus jeder Klasse entsprechend der Klassenstärke einzelne Schüler auslosen *(geschichtetes Stichprobenverfahren)* oder einzelne Klassen auslosen und dort alle Schüler befragen *(Klumpenstichprobe)*.

Bei einer Repräsentativerhebung nach dem Quotenverfahren muß lediglich gewährleistet sein, daß in der Gesamtstichprobe die Quoten verschiedener Merkmalsausprägungen eingehalten sind (z.B. Jungen/Mädchen, Klassenstufen, Leistungsstand, Wiederholer/Nichtwiederholer, u.a.m.).

Bei den offiziellen staatlichen Erhebungen *(Mikrozensus)* verwendet man oft Mischformen des geschichteten und des Klumpen-Verfahrens:

z.B. werden bei der Untersuchung von Konsumgewohnheiten und Ausstattungen von Haushalten Häuserblöcke (Wohnbereiche) ausgelost und alle Bewohner eines ausgesuchten Häuserblocks befragt.

Bei den Untersuchungen über das Wählerverhalten werden von den 57000 Wahlbezirken der Bundesrepublik ca. 1400 ausgelost und alle abgegebenen Stimmen in diesen Wahlbezirken berücksichtigt.

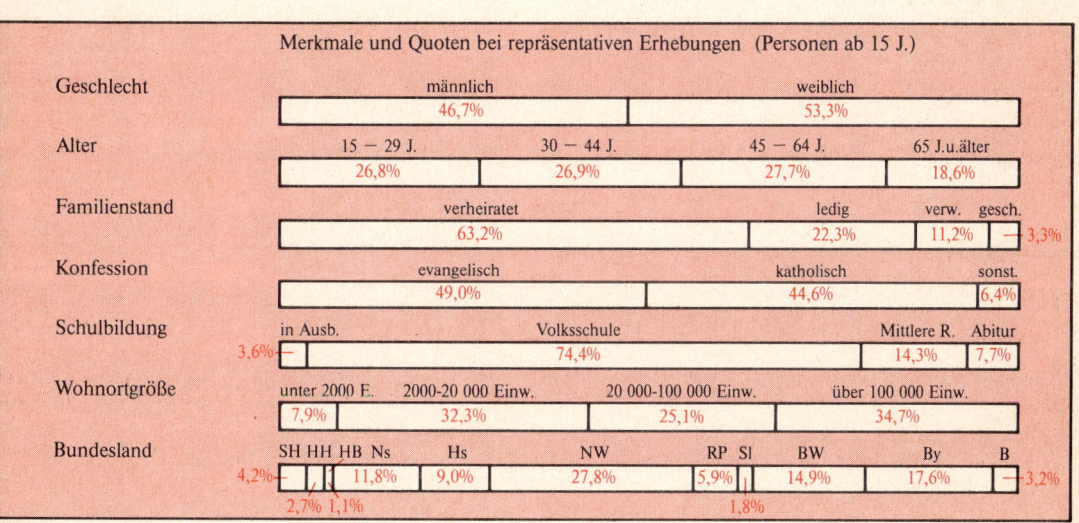

1.2. Elementare Begriffe und Regeln zum Rechnen mit Wahrscheinlichkeiten

> Die Menge aller möglichen Versuchsausgänge eines Zufallsversuchs heißt **Stichprobenraum.**

Beispiele:

(1) Beim Würfeln beachtet man die Augenzahlen. Der Stichprobenraum ist dann: $\{1, 2, 3, 4, 5, 6\}$.

(2) Bei einer Meinungsumfrage kann man sich zwischen k vorformulierten Meinungen entscheiden; dann ist der Stichprobenraum:
$\{$Meinung 1, Meinung 2, ..., Meinung k$\}$.

(3) Bei der Bestimmung des Alters der 1979 in Klasse 5 eingeschulten Kinder kann man die Menge aller möglichen Geburtsjahre als Stichprobenraum wählen: $\{1967, 1968, 1969, 1970\}$.

Ü 1

Bestimme einen geeigneten Stichprobenraum für:
a) einen einmaligen Münzwurf,
b) einen (doppelten) Münzwurf mit einem 50-Pf-Stück und einer 1-DM-Münze,
c) einen doppelten Münzwurf mit einer Münze,
d) den Familienstand ⎫
e) die Religionszugehörigkeit ⎬ einer zufällig ausgewählten Person,
f) die Steuerklasse ⎭
g) die Führerscheinklasse eines zufällig ausgesuchten Verkehrsteilnehmers,
h) das Ziehen einer Karte aus einem Skatblatt,
i) das Würfeln zu Beginn des Spiels *Mensch ärgere Dich nicht!*

Oft interessieren uns an Zufallsversuchen nicht nur einzelne Versuchsausgänge, sondern

– in Beispiel (1) etwa, ob die gewürfelte Augenzahl größer als vier ist,
– in Beispiel (2), ob der Befragte einer vorgegebenen Meinung zustimmt oder sich enthält,
– in Beispiel (3), ob ein Kind verspätet oder mit Antrag früher (1967 oder 1970) eingeschult wurde.

Dieses sind Teilmengen des Stichprobenraums.

> Teilmengen eines Stichprobenraums nennt man **Ereignisse**. Ereignisse, die nur ein Element enthalten, heißen **Elementarereignisse.**

Ü 2

Bestimme alle möglichen Ereignisse zum gewählten Stichprobenraum in **Ü 1**, Teilaufgaben d), f)!

In der Wahrscheinlichkeitsrechnung verwenden wir Schreibweisen der Mengensprache, die Mengen tragen jedoch besondere Bezeichnungen:

Mengensprache	Sprache der Wahrscheinlichkeitsrechnung	übliches Symbol
Grundmenge	Stichprobenraum (sicheres Ereignis)	S
Element	Ausgang	$a \in S$
Einermenge	Elementarereignis	$\{a\} \subset S$
Teilmenge	Ereignis	E
Schnittmenge	Undereignis	$E \cap F$
Vereinigungsmenge	Oderereignis	$E \cup F$
Komplementärmenge	Gegenereignis	$S \setminus E$
leere Menge	unmögliches Ereignis	$\emptyset$

Elementare Regeln

Im folgenden stellen wir einige elementare Regeln zum Rechnen mit Wahrscheinlichkeiten zusammen. Der Einfachheit halber betrachten wir hierbei nur LAPLACE-Versuche.

Aufgabe 1:

In einem Gefäß befinden sich 100 gleichartige Kugeln, die von 1 bis 100 numeriert sind. Eine Kugel wird zufällig gezogen. A sei das Ereignis, daß die gezogene Kugel eine durch 17 teilbare Zahl trägt.

Bestimme die zum Ereignis A gehörenden Ausgänge! Welche Wahrscheinlichkeit haben diese?
Wie berechnet sich die Wahrscheinlichkeit des Ereignisses A aus den Wahrscheinlichkeiten der Elementarereignisse?

Formuliere eine Regel!

Lösung:

$A = \{17, 34, 51, 68, 85\}$

Das Ereignis A enthält also 5 Elemente (Ausgänge), die alle die Wahrscheinlichkeit haben:

$$\frac{1}{\text{Anzahl der möglichen Ausgänge}} = \frac{1}{100}$$

Die Wahrscheinlichkeit des Ereignisses A wird mit P(A) bezeichnet:

$$P(A) = \frac{1}{100} + \frac{1}{100} + \frac{1}{100} + \frac{1}{100} + \frac{1}{100} = \frac{5}{100} = 0{,}05$$

Regel 1: Summenregel für Elementarereignisse
Gehören zu einem Ereignis k Ausgänge $a_1, \ldots, a_k$, dann berechnet sich die Wahrscheinlichkeit des Ereignisses $\{a_1, \ldots, a_k\}$ als Summe der Wahrscheinlichkeiten der zugehörigen Elementarereignisse $\{a_1\}, \ldots, \{a_k\}$:
$P(\{a_1, \ldots, a_k\}) = P(\{a_1\}) + \ldots + P(\{a_k\})$

Für LAPLACE-Versuche gilt:
Sind alle Ausgänge eines Zufallsversuchs *gleichberechtigt*, dann gilt für ein Ereignis E:

$P(E) = \dfrac{\text{Anzahl der zu E gehörenden Ausgänge}}{\text{Anzahl der möglichen Ausgänge}}$

Ist E das unmögliche Ereignis, so steht im Zähler des Bruches eine Null, ist E das sichere Ereignis, so sind Zähler und Nenner gleich groß.

Regel 2:
Wahrscheinlichkeiten von Ereignissen liegen zwischen 0 und 1.
Dem *unmöglichen Ereignis* ordnen wir die Wahrscheinlichkeit 0, dem *sicheren Ereignis* die Wahrscheinlichkeit 1 zu.

Aufgabe 2:
Wir ziehen wieder eine Kugel aus dem Gefäß mit 100 numerierten Kugeln.
Wir betrachten die Ereignisse:
A: Die Zahl ist durch 17 teilbar,
B: Die Zahl ist durch 9 teilbar.
Bestimme B, $A \cup B$ und die zugehörigen Wahrscheinlichkeiten!
Formuliere eine Regel zur Bestimmung der Wahrscheinlichkeit für dieses Oderereignis!

Lösung:
$A = \{17, 34, 51, 68, 85\}$
$P(A) = 0{,}05$ (vgl. Aufgabe 1)
$B = \{9, 18, 27, 36, 45, 54, 63, 72, 81, 90, 99\}$
$P(B) = 0{,}11$ (nach Regel 1)
$A \cup B = \{9, 17, 18, 27, 34, 36, 45, 51, 54, 63, 68, 72, 81, 85, 90, 99\}$,
$P(A \cup B) = 0{,}16$ (nach Regel 1)
Ferner gilt: $P(A) + P(B) = 0{,}05 + 0{,}11 = 0{,}16$.
Also: $P(A) + P(B) = P(A \cup B)$

Regel: Die Wahrscheinlichkeit des Oderereignisses $A \cup B$ berechnet sich als Summe der Wahrscheinlichkeiten der Ereignisse A und B.

Aufgabe 3:
Wir ziehen wieder eine Kugel aus dem Gefäß mit 100 numerierten Kugeln und betrachten:
A: Die Zahl ist durch 17 teilbar,
B: Die Zahl ist durch 9 teilbar,
C: Die Zahl ist durch 12 teilbar.

a) Bestimme C, $A \cup C$, $B \cup C$ und die zugehörigen Wahrscheinlichkeiten! Überprüfe die in Aufgabe 2 formulierte Regel auf ihre Richtigkeit!

b) Was muß ergänzt werden?
Formuliere eine Regel für die Bestimmung von Wahrscheinlichkeiten für beliebige Oderereignisse!

Lösung:
a) $A = \{17, 34, 51, 68, 85\}$
$P(A) = 0{,}05$
$B = \{9, 18, 27, 36, 45, 54, 63, 72, 81, 90, 99\}$
$P(B) = 0{,}11$
$C = \{12, 24, 36, 48, 60, 72, 84, 96\}$
$P(C) = 0{,}08$
$A \cup C = \{12, 17, 24, 34, 36, 48, 51, 60, 68, 72, 84, 85, 96\}$
$P(A \cup C) = 0{,}13$
$P(A) + P(C) = 0{,}08 + 0{,}05 = 0{,}13$
Die Regel aus Aufgabe 2 ist anwendbar.
$B \cup C = \{9, 12, 18, 24, 27, 36, 45, 48, 54, 60, 63, 72, 81, 84, 90, 96, 99\}$
$P(B \cup C) = 0{,}17$
$P(B) + P(C) = 0{,}11 + 0{,}08 = 0{,}19$
Also: $P(B \cup C) \neq P(B) + P(C)$

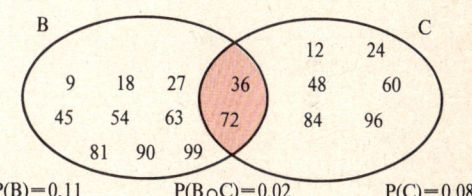
$P(B) = 0{,}11 \qquad P(B \cap C) = 0{,}02 \qquad P(C) = 0{,}08$

In der Summe $P(B) + P(C)$ werden die Elemente der Schnittmenge doppelt gezählt. Daher muß gelten:
$P(B \cup C) = P(B) + P(C) - P(B \cap C)$

Anmerkung: Diese Regel enthält die in Aufgabe 2 formulierte Regel als Spezialfall:

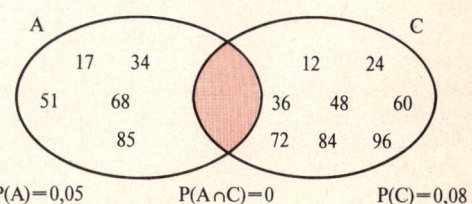
$P(A) = 0{,}05 \qquad P(A \cap C) = 0 \qquad P(C) = 0{,}08$

Damit lautet die Regel für die Wahrscheinlichkeit von *beliebigen Oderereignissen*:

Regel 3: Summenregel für zwei Ereignisse

Die Wahrscheinlichkeit des *Oderereignisses* $A \cup B$ ist gleich der Summe der Wahrscheinlichkeiten der Ereignisse A und B vermindert um die Wahrscheinlichkeit des Undereignisses $A \cap B$:

$$P(A \cup B) = P(A) + P(B) - P(A \cap B)$$

Gilt für zwei Ereignisse A, B eines Stichprobenraums $A \cap B = \emptyset$, dann heißen A, B **unvereinbar**.
Ist $A \cap B \neq \emptyset$, dann heißen A, B **vereinbar**.

Im Falle unvereinbarer Ereignisse A, B vereinfacht sich Regel **3** zu:

$$P(A \cup B) = P(A) + P(B)$$

Ü 3

In einem Gefäß befinden sich 50 gleichartige Kugeln, die von 1 bis 50 numeriert sind.

Betrachte die Ereignisse:

A: Die Zahl ist durch 3 teilbar,
B: Die Zahl ist durch 5 teilbar,
C: Die Zahl ist durch 13 teilbar,
D: Die Zahl ist durch 15 teilbar,
E: Die Zahl ist durch 17 teilbar!

a) Bestimme die Wahrscheinlichkeiten für die Ereignisse A, B, C, D, E!
b) Bestimme die Wahrscheinlichkeiten aller möglichen Oderereignisse $A \cup B$, $A \cup C$, ..., $C \cup E$, $D \cup E$!
c) Verdeutliche Regel **3** durch Darstellungen im Mengendiagramm!
In welchen Fällen sind die Ereignisse vereinbar bzw. unvereinbar?

Ü 4

Ein Würfel wird zweimal geworfen. Welche Wahrscheinlichkeit hat das Ereignis: Der eine *oder* der andere Würfel zeigt

a) Augenzahl 6,
b) eine Augenzahl größer als 4,
c) eine gerade Augenzahl?

Ü 5

Eine Karte wird aus einem Spiel mit 32 Karten gezogen.

Welche Wahrscheinlichkeit hat das Ereignis:

a) die gezogene Karte ist ein König oder eine Dame,
b) die gezogene Karte ist rot oder ein Karo,
c) die gezogene Karte ist schwarz oder trägt eine Zahl,
d) die gezogene Karte ist ein Bild oder Kreuz?

Ü 6

a) In einem Gefäß befinden sich 30 gleichartige Kugeln, die von 1 bis 30 numeriert sind. Eine Kugel wird zufällig gezogen.
Bestimme die Wahrscheinlichkeit des Ereignisses $E_1 \cup E_2 \cup E_3$, wenn:
E_1: Die Zahl ist durch 2 teilbar,
E_2: Die Zahl ist durch 3 teilbar,
E_3: Die Zahl ist durch 5 teilbar!
Stelle $E_1 \cup E_2 \cup E_3$ in einem Mengendiagramm dar!

b) Leite für beliebige Ereignisse E_1, E_2, E_3 eine Regel zur Bestimmung von $P(E_1 \cup E_2 \cup E_3)$ her!

c) Betrachte außerdem die Ereignisse:
E_4: Die Zahl ist durch 4 teilbar,
E_5: Die Zahl ist durch 6 teilbar.
Wende die Regel aus b) an auf die Ereignisse:
$E_1 \cup E_2 \cup E_4$, $E_1 \cup E_3 \cup E_4$, $E_2 \cup E_3 \cup E_4$,
$E_1 \cup E_2 \cup E_5$, $E_1 \cup E_3 \cup E_5$, $E_2 \cup E_3 \cup E_5$,
$E_1 \cup E_4 \cup E_5$, $E_2 \cup E_4 \cup E_5$, $E_3 \cup E_4 \cup E_5$

d) Wann gilt:
$P(E_1 \cup E_2 \cup E_3) = P(E_1) + P(E_2) + P(E_3)$?

Aufgabe 4:

Ein Würfel wird geworfen. E sei das Ereignis, daß die gewürfelte Augenzahl eine Quadratzahl ist.

Bestimme E und das Gegenereignis $\bar{E}$ und die zugehörigen Wahrscheinlichkeiten! Welcher Zusammenhang besteht zwischen $P(E)$ und $P(\bar{E})$? Formuliere eine Regel!

Lösung:

$S = \{1, 2, 3, 4, 5, 6\}$, $E = \{1, 4\}$

Dann ist $\bar{E}$ *(Die Augenzahl ist keine Quadratzahl)* Gegenereignis zu E.
$\bar{E} = S \setminus E = \{2, 3, 5, 6\}$.

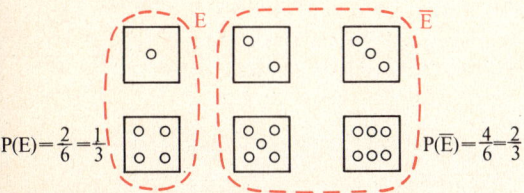

$P(E) = \frac{2}{6} = \frac{1}{3}$ $P(\bar{E}) = \frac{4}{6} = \frac{2}{3}$

E und $\bar{E}$ sind unvereinbare Ereignisse, deren Vereinigung den Stichprobenraum ergibt. Die zugehörigen Wahrscheinlichkeiten ergänzen sich zu 1.

Regel 4: Komplementärregel

Die Wahrscheinlichkeit eines Ereignisses und die Wahrscheinlichkeit des zugehörigen *Gegenereignisses* ergänzen sich zu 1.

Regel 4 ist immer nützlich, wenn es leichter ist, die Wahrscheinlichkeit des Gegenereignisses als die eines betrachteten Ereignisses zu bestimmen.

Beispiel:

Ein Würfel wird zweimal geworfen. Es soll die Wahrscheinlichkeit des Ereignisses *Zwei verschiedene Augenzahlen* bestimmt werden:

		2. Wurf				
	1	2	3	4	5	6
1	(11)	12	13	14	15	16
2	21	(22)	23	24	25	26
3	31	32	(33)	34	35	36
4	41	42	43	(44)	45	46
5	51	52	53	54	(55)	56
6	61	62	63	64	65	(66)

(1. Wurf)

$\bar{E} = \{11, 22, 33, 44, 55, 66\}$ und
$P(\bar{E}) = \frac{6}{36}$; also
$P(E) = 1 - P(\bar{E}) = 1 - \frac{6}{36} = \frac{30}{36} = \frac{5}{6}$.

Ü 7

Ein Würfel wird zweimal geworfen.

Bestimme die Wahrscheinlichkeiten der folgenden Ereignisse:

a) die Summe der Augenzahlen ist größer als 5,
b) die Summe der Augenzahlen ist kleiner als 9,
c) das Produkt der Augenzahlen ist größer als 6,
d) Augenzahl 3 tritt in mindestens einem Wurf auf!

Ü 8

Ein Würfel wird dreimal geworfen.

Bestimme die Wahrscheinlichkeiten der folgenden Ereignisse:

a) die Summe der Augenzahlen ist größer als 4,
b) Augenzahl 4 tritt mindestens einmal auf,
c) Augenzahl 2 tritt höchstens zweimal auf!

Mit Hilfe von Regel 1 bis Regel 4 kann man bei einfachen Zufallsversuchen Wahrscheinlichkeiten von Ereignissen berechnen, d. h. den Teilmengen des Stichprobenraums Wahrscheinlichkeiten zuordnen. Diese Zuordnung geschieht durch die **Wahrscheinlichkeitsfunktion P**.

Beispiel:

Aus einem Gefäß mit 5 gleichartigen Kugeln mit den Nummern 1 bis 5 wird eine Kugel gezogen. Die Wahrscheinlichkeitsfunktion P ordnet dann den Ereignissen $E_1, E_2, \ldots, E_6$ Wahrscheinlichkeiten nach den Regeln **1** bis **4** zu:

E_1: Die Zahl ist größer als 5,
E_2: Die Zahl ist nur durch sich selbst teilbar,
E_3: Die Zahl ist gerade,
E_4: Die Zahl ist eine Primzahl,
E_5: Die Zahl ist gerade oder eine Primzahl,
E_6: Die aufgedruckte Zahl ist kleiner als 6.

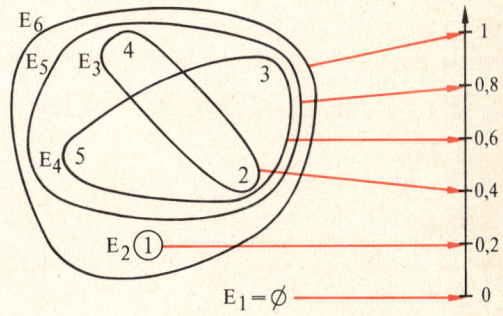

Wahrscheinlichkeitsverteilungen

Mit Hilfe von Regel **1** kann man Wahrscheinlichkeiten von Ereignissen bestimmen, wenn man die Wahrscheinlichkeiten von Elementarereignissen kennt.

> Eine Tabelle, in der wir die Elementarereignisse eines Stichprobenraums (Ausgänge eines Zufallsversuchs) mit den zugehörigen Wahrscheinkeiten festhalten, nennen wir **Wahrscheinlichkeitsverteilung des Zufallsversuchs**.

Beispiele:

(1) Beim Würfeln haben wir die Wahrscheinlichkeitsverteilung:

Augenzahl	1	2	3	4	5	6
Wahrscheinlichkeit	$\frac{1}{6}$	$\frac{1}{6}$	$\frac{1}{6}$	$\frac{1}{6}$	$\frac{1}{6}$	$\frac{1}{6}$

(2) Beim Ziehen aus einem Gefäß mit 30 schwarzen und 20 weißen Kugeln sind die Ausgänge s bzw. w möglich, d.h. der Stichprobenraum ist $S = \{s, w\}$.

Die zugehörige Wahrscheinlichkeitsverteilung ist dann:

Ausgang	s	w
Wahrscheinlichkeit	$\frac{30}{50} = \frac{3}{5}$	$\frac{20}{50} = \frac{2}{5}$

Diese Wahrscheinlichkeitsverteilungen können wir auch graphisch darstellen. Von den verschiedenen Möglichkeiten werden wir im folgenden insbesondere die Darstellung durch ein *Histogramm (Blockdiagramm)* verwenden.

Beispiel:

Bei einer Meinungsumfrage unter 824 Personen stimmten 511 einer vorgegebenen Meinung zu, 173 lehnten diese Meinung ab, 107 hatten keine Meinung und 33 verweigerten eine Meinungsäußerung.

Wahrscheinlichkeitsverteilung

Ausgang	Wahrscheinlichkeit
Zustimmung	0,62
Ablehnung	0,21
keine Meinung	0,13
Weigerung	0,04

Histogramm

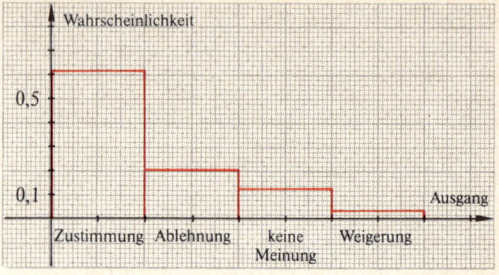

Es ist üblich, alle Rechtecke des Histogramms mit gleicher Breite zu zeichnen. Dann entspricht der Flächeninhalt der dargestellten Rechtecke der Wahrscheinlichkeit. Auf der horizontalen Achse trägt man die Ausgänge, auf der vertikalen Achse (im geeigneten Maßstab) die Wahrscheinlichkeit ab.

Ü 9

Beispiele von Wahrscheinlichkeitsverteilungen sind auch die in Kap. **1.1** angegebenen Tabellen. Stelle diese in Histogrammen dar!

a) Altersverteilung der PKW/Kombifahrzeuge am 1.7.1977 – vgl. **Ü 5** auf S. 10.

b) Verteilung der Spielausgänge der Fußball-Bundesligen – vgl. Beispiel **3** und **Ü 7** auf S. 11.

Ü 10

Bestimme zu den folgenden Zufallsversuchen die Wahrscheinlichkeitsverteilungen:

a) Unter den 25 066 200 Kraftfahrzeugen, die am 1.1.1979 zugelassen waren, wird ein Fahrzeug zufällig gewählt.

Fahrzeugart	absolute Häufigkeit
PKW	20 006 600
Kombifahrzeuge	1 613 100
Krafträder	413 800
Busse	66 500
LKW	1 199 400
Zugmaschinen	1 609 100
Sonstige	157 700

b) Unter den 306 Spielen der 1. Fußball-Bundesliga (Saison 1978/79) wird ein Spiel zufällig ausgewählt und die Anzahl der Tore bestimmt.

Anzahl der Tore	0	1	2	3	4	5	6	7	8
absolute Häufigkeit	17	32	75	54	70	28	17	6	7

Andere Möglichkeiten, Wahrscheinlichkeitsverteilungen darzustellen, sind:

Strichdiagramm

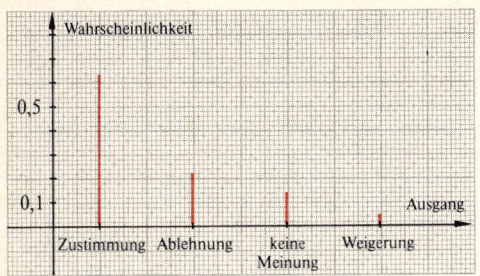

Hier entspricht die Länge der Striche der Wahrscheinlichkeit der zugehörigen Ausgänge.

Häufigkeitspolygon

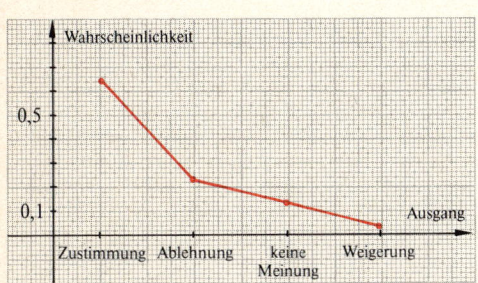

Die Punkte (Merkmalsausprägung/Wahrscheinlichkeit) sind durch ein Polygon (Streckenzug) miteinander verbunden.

Kreisdiagramm

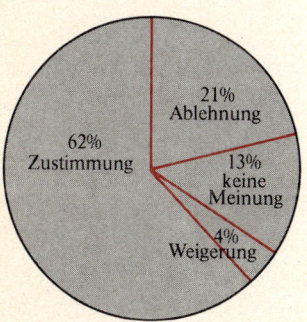

Der Flächeninhalt der Kreissektoren entspricht der Wahrscheinlichkeit (d.h. der Mittelpunktswinkel entspricht der Wahrscheinlichkeit).

Piktogramme

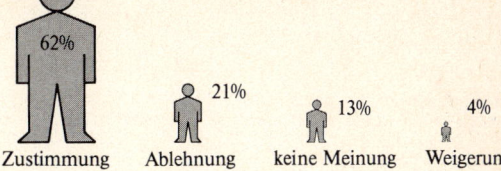

Bei dieser Darstellungsart entspricht der Wahrscheinlichkeit entweder die Figurenhöhe oder der Flächeninhalt der Figur oder bei perspektivischer Darstellung das Volumen der Figur.

Eine weitere Darstellungsmöglichkeit ist, die Anzahl der Figuren entsprechend der Wahrscheinlichkeit zu wählen:

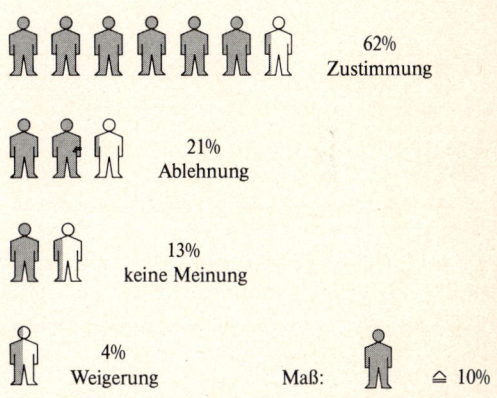

Ü 11

a) Überlege, welche der Darstellungsarten dem Problem angemessen ist! Welche Eindrücke werden durch die verschiedenen Darstellungsarten erweckt?

b) Welche Darstellungsart empfiehlt sich in den Beispielen (1), (2) von S. 18?

c) Welche Darstellungsart empfiehlt sich in **Ü 9, Ü 10**?

d) Welche Form sollte man für folgende Beispiele wählen:
   (1) Verteilung der Zensuren in einer Klassenarbeit,
   (2) Marktanteil verschiedener Automobil-Hersteller,
   (3) Verteilung der Stimmen bei einer Wahl?

Zufallsgrößen

An vielen Zufallsversuchen interessieren uns nicht einzelne Elementarereignisse, sondern zugeordnete Zahlen und Größen.

Beispiel:

Beim zweifachen Würfeln kann etwa die Augensumme von Interesse sein.

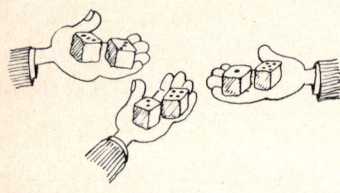

Wir interessieren uns hier nicht für die 36 möglichen Ausgänge 11, 12, …, 66, sondern nur für die möglichen Augensummen 2, 3, …, 12.

Durch das Weglassen von Informationen vergröbern wir den Stichprobenraum. Der alte Stichprobenraum wird dadurch in miteinander unvereinbare Ereignisse zerlegt.

Die *Zerlegung* erhalten wir, wenn wir zu den einzelnen Funktionswerten die *Urbildmenge* bestimmen (z.B. hat der Funktionswert (das Bild) 5 die Urbildmenge $\{1\,4,\ 2\,3,\ 3\,2,\ 4\,1\}$).

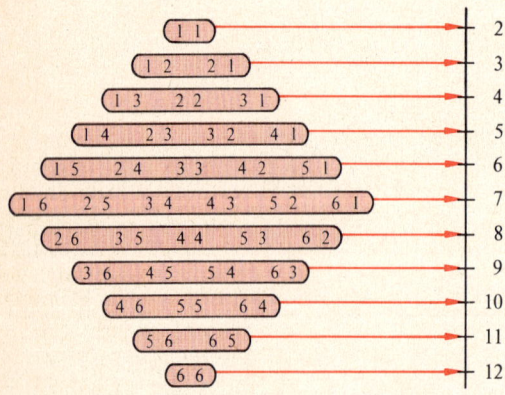

Eine solche Funktion nennen wir **Zufallsgröße**. Es ist üblich, Zufallsgrößen durch Großbuchstaben zu beschreiben (meistens durch X, Y, Z oder X_1, X_2, usw.).

Bezeichnen wir mit X hier die Zufallsgröße, die jedem Ausgang des 2fachen Würfelversuchs die Augensumme zuweist, dann schreiben wir kurz:
X: Augensumme beim 2fachen Würfeln.

Das zugehörige Ereignis ist:
$E = \{a \in S \mid X(a) = 5\}$
  = Menge aller Elemente des Stichprobenraums S, die durch die Zufallsgröße auf die Zahl 5 abgebildet werden
  = Urbildmenge der Zahl 5 unter der Abbildung X
$E = \{1\,4,\ 2\,3,\ 3\,2,\ 4\,1\}$.

Dann schreiben wir für die Wahrscheinlichkeit von E kurz: $P(X = 5)$.

> Eine **Zufallsgröße** X ist eine Funktion, die jedem Ausgang eines Zufallsversuchs eine reelle Zahl zuordnet.
> Mit $X = k$ beschreibt man ein Ereignis.
> Dieses Ereignis enthält alle Ausgänge a, für die $X(a) = k$ gilt.

Die ursprüngliche Wahrscheinlichkeitsverteilung mit 36 möglichen Ausgängen wird durch die Einführung der Zufallsgröße zu einer Verteilung mit 11 Ausgängen.

Verteilung der Zufallsgröße
X: Augensumme beim zweifachen Würfeln

Funktionswerte von X ↓	Ereignisse, die durch $X = k$ beschrieben werden ↓	Wahrscheinlichkeit ↓
k	$\{a \in S \mid X(a) = k\}$	$P(X = k)$
2	$\{1\,1\}$	$\frac{1}{36}$
3	$\{1\,2,\ 2\,1\}$	$\frac{2}{36}$
4	$\{1\,3,\ 2\,2,\ 3\,1\}$	$\frac{3}{36}$
5	$\{1\,4,\ 2\,3,\ 3\,2,\ 4\,1\}$	$\frac{4}{36}$
6	$\{1\,5,\ 2\,4,\ 3\,3,\ 4\,2,\ 5\,1\}$	$\frac{5}{36}$
7	$\{1\,6,\ 2\,5,\ 3\,4,\ 4\,3,\ 5\,2,\ 6\,1\}$	$\frac{6}{36}$
8	$\{2\,6,\ 3\,5,\ 4\,4,\ 5\,3,\ 6\,2\}$	$\frac{5}{36}$
9	$\{3\,6,\ 4\,5,\ 5\,4,\ 6\,3\}$	$\frac{4}{36}$
10	$\{4\,6,\ 5\,5,\ 6\,5\}$	$\frac{3}{36}$
11	$\{5\,6,\ 6\,5\}$	$\frac{2}{36}$
12	$\{6\,6\}$	$\frac{1}{36}$

Da die mittlere Spalte der Tabelle nur dazu dient, die Anzahl der zu $X = k$ gehörenden Ausgänge zu bestimmen, wird sie im folgenden weggelassen.

Die Tabelle mit den Wahrscheinlichkeiten $P(X = k)$ für alle möglichen k heißt **Verteilung der Zufallsgröße** X.

Wir stellen die Verteilung im Histogramm dar:

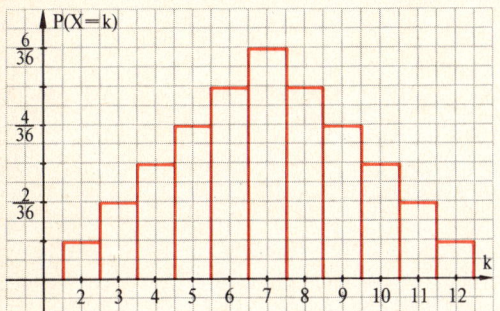

Ü 12
Bestimme Wertemenge (Bildmenge) und Urbildmenge (Definitionsmenge) der Zufallsgröße:

a) X: Augensumme beim 3fachen Würfeln,

b) X: Maximum der Augenzahlen beim 2fachen Würfeln,

c) X: Produkt der Augenzahlen beim 2fachen Würfeln,

d) X: Anzahl der Würfe mit Augenzahl 6 beim 3fachen Würfeln,

e) X: Anzahl der Wappen beim 5fachen Münzwurf,

f) X: Anzahl der Jungen in einer Familie mit 5 Kindern.

Ü 13
Bestimme die Verteilung der Zufallsgröße:

a) X: Summe der Augenzahlen beim 3fachen Würfeln,

b) X: Maximum der Augenzahlen beim 2fachen Würfeln,

c) X: Minimum der Augenzahlen beim 2fachen Würfeln,

d) X: Maximum der Augenzahlen beim 3fachen Würfeln,

e) X: Unterschied der Augenzahlen beim 2fachen Würfeln,

f) X: Produkt der Augenzahlen beim 2fachen Würfeln.

Ü 14
Die Zufallsgröße X sei definiert durch:

X: Quersumme einer zufällig ausgesuchten zweistelligen Zahl.

a) Bestimme die Verteilung der Zufallsgröße X!

b) Welches Ereignis hat eine größere Wahrscheinlichkeit:

(1) *Die Quersumme ist gerade* oder *Die Quersumme ist ungerade*,

(2) *Die Quersumme ist größer als 9* $(X > 9)$ oder *Die Quersumme ist kleiner als 10* $(X < 10)$,

(3) *Die Quersumme ist größer als 6 und kleiner als 13* $(6 < X < 13)$ oder *die Quersumme ist kleiner als 7 oder größer als 12* $(X < 7 \vee X > 12)$?

Ü 15
In einem Gefäß sind 30 Kugeln, die von 1 bis 30 numeriert sind. Eine Kugel wird zufällig gezogen.

Bestimme die Verteilung der Zufallsgröße:

a) X: Anzahl der Teiler,

b) X: Anzahl der Primteiler!

Ü 16
A und B vereinbaren ein Würfelspiel:
Zeigt der Würfel von A eine kleinere Augenzahl als der Würfel von B, dann muß A an B 1 DM zahlen und umgekehrt. Zeigen beide Würfel gleiche Augenzahl, dann gewinnt keiner.

X: Gewinn in DM des Spielers A in einer Spielrunde.

Bestimme die Verteilung der Zufallsgröße X!

1.3. Pfadregeln

Im folgenden Diagramm ist der Zufallsversuch *3faches Werfen eines Reißnagels* dargestellt. Dabei tritt bei jedem Wurf die Lage ⊥ mit der Wahrscheinlichkeit 0,6 und die Lage ⊀ mit der Wahrscheinlichkeit 0,4 auf:

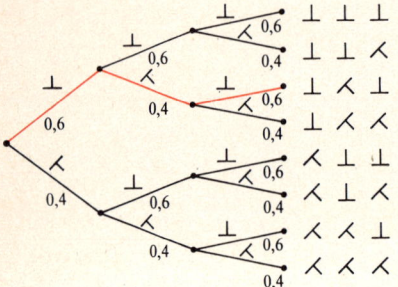

Mit Hilfe von *Baumdiagrammen* stellen wir mehrstufige Zufallsversuche dar. Jedem Elementarereignis ist im Baumdiagramm ein Pfad zugeordnet. Z.B. findet man ⊥ ⊀ ⊥, indem man von der *Wurzel* des Baumes entlang dem rot eingezeichneten Pfad geht.

Ü 1

a) Stelle im Baumdiagramm die folgenden Zufallsversuche dar:

(1) 2faches Werfen eines Würfels,

(2) 4faches Werfen einer Münze,

(3) Kontrolle von 3 nacheinander eintreffenden Fahrzeugen bei einer Prüfstelle eines TÜV,

(4) ein Spiel mit 5 Runden (in jeder Runde wird 1 Punkt vergeben; notiere die Zwischenstände)!

b) Markiere in den Baumdiagrammen von a) den Pfad, der zum Ereignis gehört:

(1) Augenzahl 4, Augenzahl 3,

(2) W W Z Z,

(3) alle Fahrzeuge erhalten eine Plakette,

(4) 1 : 0, 1 : 1, 2 : 1, 2 : 2, 2 : 3!

In Kapitel **1.2** wurden ein- bzw. zweistufige Zufallsversuche betrachtet und Wahrscheinlichkeiten von zugehörigen Ereignissen berechnet.

Wir stellen nun Regeln auf, mit deren Hilfe man Wahrscheinlichkeiten bei mehrstufigen Zufallsversuchen berechnen kann.

Aufgabe 1:

Welche Wahrscheinlichkeit hat das Ereignis {⊥ ⊀ ⊥} im Zufallsversuch *3faches Werfen eines Reißnagels*? Überlege zunächst, mit welcher relativen Häufigkeit bei oft wiederholter Durchführung zu rechnen ist! Welche Regel ergibt sich hieraus für die Wahrscheinlichkeit eines durch einen Pfad dargestellten Ereignisses?

Lösung:

Bei häufiger Versuchsdurchführung wird in etwa 60% der Stichproben auf der ersten Stufe die Lage ⊥ eintreten. In etwa 40% von 60% (d.h. in etwa 24%) der Stichproben werden nacheinander die Lagen ⊥ ⊀ auf der ersten und zweiten Stufe eintreten; schließlich werden in etwa 60% von 24% (d.h. in etwa 14,4%) der Stichproben nacheinander die Lagen ⊥ ⊀ ⊥ auf den drei Stufen eintreten.

Das Ergebnis 14,4% erhalten wir auch durch Multiplikation der Wahrscheinlichkeiten 0,6, 0,4 und 0,6 im Baum:

$$0{,}6 \cdot 0{,}4 \cdot 0{,}6 = 0{,}144$$

Pfadmultiplikationsregel:

Bei einem mehrstufigen Zufallsversuch ist die Wahrscheinlichkeit eines (durch einen Pfad dargestellten) Ereignisses gleich dem Produkt der Wahrscheinlichkeiten längs des zugehörigen Pfades.

Ü 2

Bestimme die Wahrscheinlichkeiten aller möglichen Ausgänge des Zufallsversuchs:

a) 4faches Werfen eines Reißnagels (mit Wahrscheinlichkeit 0,6 für Lage ⊥),

b) 5faches Werfen einer Münze,

c) 2faches Werfen eines Würfels,

d) Fußballspiel mit 4 Toren!

Ü 3

Stelle als 2stufigen Zufallsversuch dar und bestimme die Wahrscheinlichkeit, daß

a) zwei 30jährige Freunde (Freundinnen) gemeinsam 50 (70) Jahre alt werden,

b) ein gleichaltriges Ehepaar, das mit 25 Jahren geheiratet hat, den Tag der silbernen (goldenen) Hochzeit erlebt!

Hinweis: Benutze die Sterbetafel von S. 10!

Summenregel für Pfade

Aufgabe 2:

Bei einer Produktionskontrolle werden in drei Prüfungsgängen Länge, Breite und Höhe eines Metallstücks geprüft. Diese sind (erfahrungsgemäß) mit den Wahrscheinlichkeiten 0,2 bzw. 0,1 bzw. 0,15 außerhalb vorgegebener Toleranzgrenzen.

Ein Metallstück wird nicht ausgeliefert, wenn mindestens zwei der Kontrollen negativ ausgehen.

Mit welcher Wahrscheinlichkeit ist ein kontrolliertes Werkstück Ausschußware?

(Bezeichnung des Ereignisses: E)

Lösung:

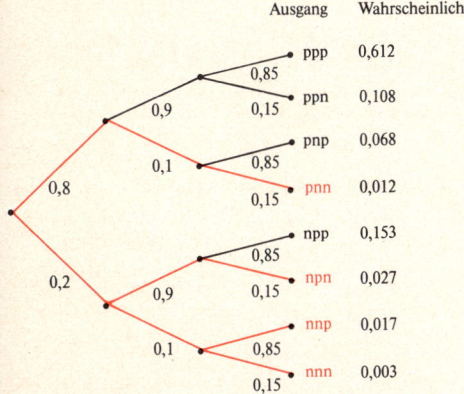

Abkürzungen: p: Kontrolle verläuft positiv – Maße sind innerhalb der Toleranzgrenzen – und n: Kontrolle verläuft negativ.

Zum Ereignis E gehören 4 der 8 Pfade (Elementarereignisse):

E = {pnn, npn, nnp, nnn}

Wir wenden die Summenregel für Elementarereignisse (Regel **1** aus Kap. **1.2**) an und erhalten:

P(E) = 0,012 + 0,027 + 0,017 + 0,003 = 0,059

Damit ergibt sich eine zweite Pfadregel:

> **Pfadadditionsregel:**
> Setzt sich bei einem mehrstufigen Zufallsversuch ein Ereignis aus verschiedenen Pfaden zusammen, dann erhält man die Wahrscheinlichkeit des Ereignisses durch Addition der einzelnen Pfadwahrscheinlichkeiten.

Hinweis zum Zeichnen von Baumdiagrammen

In Aufgabe **2** kam es auf 4 der 8 Pfade an.

Es empfiehlt sich, bei mehrstufigen Zufallsversuchen die Baumdiagramme nicht vollständig zu zeichnen. Man beschränkt sich auf die Pfade, die man zur Bestimmung der Wahrscheinlichkeit des Ereignisses braucht:

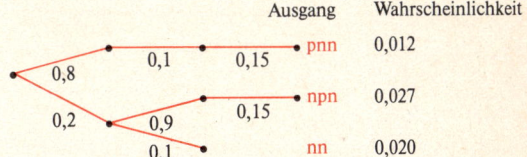

Die Pfade *nnp* und *nnn* werden zum 2stufigen Pfad *nn* zusammengefaßt (nach der Aufgabenstellung ist eine dritte Kontrolle nicht mehr notwendig).

Ü 4

In Aufgabe **2** konnte man die Kontrolle eines Werkstücks abbrechen, wenn die ersten beiden Prüfungen negativ verlaufen waren.

In welcher Reihenfolge sollte man Länge, Breite und Höhe kontrollieren, damit die Gesamtzahl der Kontrollen möglichst klein ist?

Zeichne für die verschiedenen Möglichkeiten vereinfachte Baumdiagramme!

Ü 5

Bei der Produktion von Porzellangefäßen sind erfahrungsgemäß 25% der Gefäße wegen schlechter Form, 15% wegen unsauberer Farbe und 20% wegen ungleichmäßiger Oberfläche nicht I. Wahl. Ein Porzellangefäß ist II. Wahl, wenn es genau eine der drei Kontrollen nicht besteht; der Rest ist Ausschußware.

a) In welcher Reihenfolge werden die Kontrollen am besten durchgeführt?

b) Wie groß ist der Anteil an Gefäßen I. bzw. II. Wahl?

Ü 6

Bei der Produktion von Tongefäßen hat man erfahrungsgemäß 20% Ausschuß, 50% II. Wahl und 30% I. Wahl.

Wie groß ist die Wahrscheinlichkeit, daß bei der Herstellung von 4 Gefäßen

a) drei brauchbare (I. oder II. Wahl),

b) zwei Tongefäße I. und zwei II. Wahl entstehen?

Ü 7

Bei einer Verkehrszählung wurde an einer Kontrollstelle festgestellt, daß 20% der vorüberfahrenden Fahrzeuge LKW waren, 60% PKW, 15% Mopeds und Mofas und 5% sonstige Fahrzeuge.

Wie groß ist die Wahrscheinlichkeit, daß unter drei vorbeifahrenden Fahrzeugen

a) drei Mopeds oder Mofas,

b) drei PKW,

c) zwei PKW und ein LKW,

d) ein LKW, ein PKW und ein Moped sind?

Ü 8

Ein Ehepaar schließt einen Versicherungsvertrag ab, wonach in 30 Jahren ein bestimmter Betrag ausgezahlt wird, wenn beide noch leben. Derselbe Betrag wird an den jeweils Überlebenden ausgezahlt, wenn einer vorzeitig stirbt.

Zum Zeitpunkt des Vertragsabschlusses ist der Mann 30 (35), die Frau 25 Jahre alt.

Bestimme die Wahrscheinlichkeit, daß der Betrag

a) nach Vertragsablauf an das Ehepaar,

b) nach 20 Jahren an die Frau,

c) nach 25 Jahren an den Mann geht!

Ü 9

Bei einem Multiple-Choice-Test hat man bei jedem Test-Item die Möglichkeit, zwischen mehreren vorgegebenen Antworten (Distraktoren) zu wählen. Wenn man nicht weiß, welche Antwort richtig ist, kann man sich aufs Raten verlegen.

Wie groß ist die Wahrscheinlichkeit, daß man bei einem Test mit je 4 Distraktoren von 3 Fragen

a) alle Antworten,

b) nur eine Antwort,

c) mindestens eine Antwort richtig rät?

Aufgabe 3:

a) In einer Kiste sind 24 Konservendosen. Von diesen haben 4 Untergewicht. Man entnimmt nacheinander zwei Dosen und kontrolliert ihre Einwaage. Welche Wahrscheinlichkeiten haben die Ereignisse
A: *Keine Dose hat Untergewicht*,
B: *Zwei Dosen haben Untergewicht*?

b) Ein Würfel wird zweimal geworfen.
Welche Wahrscheinlichkeiten haben die Ereignisse
C: *Keinmal Augenzahl 6*;
D: *Zweimal Augenzahl 6*?

c) Ein Sechstel der Dosen in a) hat Untergewicht. Warum haben die Ereignisse A und C bzw. B und D nicht gleiche Wahrscheinlichkeiten?

d) Wie muß man die Versuchsanordnung in a) abändern, damit P(A) = P(C) und P(B) = P(D)?

Lösung:

a)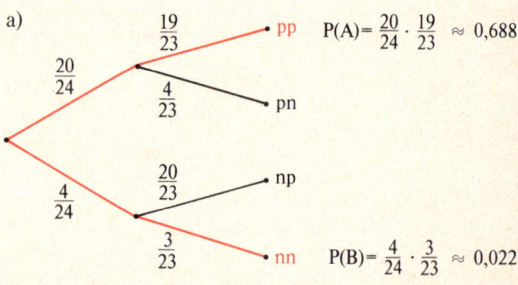

p: Kontrolle positiv, n: Kontrolle negativ

b)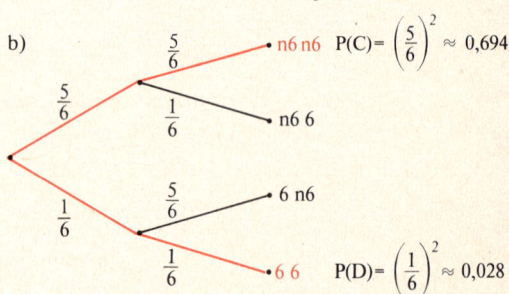

c) Bei der Entnahme der Dosen verändert sich die Wahrscheinlichkeit für *p* bzw. *n* von der ersten zur zweiten Stufe. Beim Würfeln ist die Wahrscheinlichkeit für *6* unabhängig von der Stufe.

d) Legt man die kontrollierte Dose zurück bevor man die zweite zieht, dann hat man die gleichen Bedingungen wie beim Würfeln.

Beim **Ziehen ohne Zurücklegen** (ohne Wiederholung) ist der Versuchsausgang einer Stufe vom Versuchsausgang der vorherigen Stufe **abhängig**.

Beim **Ziehen mit Zurücklegen** (mit Wiederholung) sind diese Versuchsausgänge **unabhängig** von den Versuchsausgängen vorheriger Stufen.

Ü 10

In einem Gefäß befinden sich 5 rote, 3 blaue und 2 grüne Kugeln. 2 Kugeln werden mit (ohne) Zurücklegen gezogen.

a) Zeichne ein Baumdiagramm und bestimme die Wahrscheinlichkeiten aller möglichen Ausgänge.

b) Wie groß ist die Wahrscheinlichkeit, daß die beiden gezogenen Kugeln die gleiche Farbe haben?

Ü 11

Von den 28 Dominosteinen wird ein Stein zufällig gezogen und offen hingelegt. Danach wird ein zweiter Stein zufällig gezogen.

Bestimme die Wahrscheinlichkeit, daß man den zweiten Stein an den ersten anlegen kann!

Ü 12

Wie groß ist die Wahrscheinlichkeit, daß eine bestimmte Karte aus einem Spiel mit 32 (52) Karten

a) als erste,

b) als zweite,

c) als fünfte verteilt wird?

Ü 13

Die Ziehung der Lottozahlen ist ein 6stufiger Zufallsversuch ohne Zurücklegen.

Bestimme die Wahrscheinlichkeit, daß eine bestimmte Zahl

a) bei der ersten Ziehung,

b) bei der zweiten Ziehung,

c) bei der fünften Ziehung,

d) bei einer der sechs Ziehungen einer Wochenziehung herausgegriffen wird!

Zeichne das zugehörige vereinfachte Baumdiagramm!

Ü 14

a) Bestimme die relativen Häufigkeiten, mit denen die einzelnen Lottozahlen in 1250 Wochenziehungen gezogen wurden. Weichen die Werte erheblich von der (theoretischen) Wahrscheinlichkeit ab? (In Kap. **3** werden wir untersuchen, ob die Abweichungen ungewöhnlich sind.)

b) Das Stabilisieren der relativen Häufigkeiten bei langen Versuchsreihen wird häufig so interpretiert:

Die Wahrscheinlichkeit für das Eintreten eines bestimmten Versuchsausgangs wird größer, wenn dieser Ausgang längere Zeit nicht eingetreten ist.

Warum ist diese Interpretation falsch? Was nutzt die Tabelle *Wie lange nicht gezogen* (vgl. Graphik) (Zahlen, unter denen ein Strich steht, wurden in der letzten Ziehung gezogen)?

Wie oft gezogen					Wie lange nicht gezogen				
1 152	**2** 163	**3** 158	**4** 145	**5** 143	**1** 13	**2** 2	**3** 42	**4** 1	**5** 1
6 155	**7** 144	**8** 144	**9** 167	**10** 140	**6** 10	**7** —	**8** 11	**9** 6	**10** —
11 140	**12** 146	**13** 122	**14** 147	**15** 139	**11** 23	**12** 2	**13** 14	**14** 4	**15** 14
16 149	**17** 158	**18** 150	**19** 156	**20** 151	**16** 2	**17** 4	**18** 11	**19** 3	**20** 1
21 168	**22** 156	**23** 152	**24** 144	**25** 163	**21** —	**22** 6	**23** 17	**24** 7	**25** 14
26 166	**27** 148	**28** 133	**29** 151	**30** 151	**26** 6	**27** 3	**28** 3	**29** 8	**30** 6
31 165	**32** 179	**33** 157	**34** 141	**35** 152	**31** 5	**32** 1	**33** 12	**34** 14	**35** 11
36 164	**37** 144	**38** 165	**39** 166	**40** 164	**36** —	**37** 1	**38** 3	**39** —	**40** 2
41 152	**42** 149	**43** 158	**44** 148	**45** 158	**41** 13	**42** —	**43** 5	**44** 5	**45** 5
46 158	**47** 141	**48** 165	**49** 173	—	**46** 9	**47** 12	**48** 4	**49** 5	—

nach *Glück*, Heft 38/1979

Ü 15

a) Mit welcher Wahrscheinlichkeit wird eine bestimmte in der letzten Wochenziehung des Zahlenlotto gezogene Zahl

(1) bei der nächsten (ersten) Wochenziehung,

(2) erst bei der zweiten,

(3) erst bei der vierten

Wochenziehung wieder gezogen?

b) X: Anzahl der Wochenziehungen bis zur nächsten Ziehung dieser Zahl.

Bestimme die Verteilung der Zufallsgröße X! Zeichne das zugehörige Histogramm!

1.4. Erwartungswert von Zufallsgrößen

In Kap. **1.2** wurden Zufallsgrößen eingeführt, um Ausgänge von Zufallsversuchen, die von besonderem Interesse waren, besser beschreiben zu können.

Wir untersuchen nun: Mit welchem Wert der Zufallsgröße kann man bei häufiger Versuchsdurchführung rechnen?

Aufgabe 1:
A und B vereinbaren ein Würfelspiel: A soll an B soviel in DM auszahlen wie die Augenzahl des Würfels anzeigt.

Wie groß muß der Spieleinsatz von B sein, damit die beiden Spielpartner nach vielen Spielrunden mit gleich hohem Gewinn und Verlust rechnen können? (Eine solche Spielregel nennt man *fair*.)

Lösung:
Wir definieren eine Zufallsgröße zur Beschreibung des Zufallsversuchs:

X: Betrag in DM, den A an B zahlen muß.
Verteilung der Zufallsgröße X:

k	1	2	3	4	5	6
$P(X=k)$	$\frac{1}{6}$	$\frac{1}{6}$	$\frac{1}{6}$	$\frac{1}{6}$	$\frac{1}{6}$	$\frac{1}{6}$

Der Betrag, mit dem B pro Spiel rechnen kann, ist:

$\frac{1}{6} \cdot 1$ DM $+ \frac{1}{6} \cdot 2$ DM $+ \frac{1}{6} \cdot 3$ DM $+ \frac{1}{6} \cdot 4$ DM
$+ \frac{1}{6} \cdot 5$ DM $+ \frac{1}{6} \cdot 6$ DM
$= \frac{1}{6} \cdot 21$ DM $= 3{,}50$ DM

Der Spieleinsatz von B müßte 3,50 DM betragen, da er bei langer Spieldauer mit 3,50 DM Einnahme pro Spiel rechnen kann.

Aufgabe 2:
A und B vereinbaren ein Würfelspiel mit zwei Würfeln. Falls mindestens ein Würfel die Augenzahl 5 oder 6 zeigt, zahlt B an A 1 DM, sonst zahlt A an B.

Ist dies eine *faire* Spielregel?

Mit welchem Gewinn kann Spieler A pro Spiel rechnen?

Lösung:
Von den 36 möglichen Ausgängen des Zufallsversuchs sind 20 günstig für A und 16 günstig für B:

	2. Würfel					
1. Würfel	1	2	3	4	5	6
1	11	12	13	14	15	16
2	21	22	23	24	25	26
3	31	32	33	34	35	36
4	41	42	43	44	45	46
5	51	52	53	54	55	56
6	61	62	63	64	65	66

Die Zufallsgröße

G: Gewinn des Spielers A in DM,

die die Werte $a_1 = +1$ und $a_2 = -1$ annehmen kann, hat die Verteilung:

a_i	$+1$	-1
$P(G=a_i)$	$\frac{20}{36}$	$\frac{16}{36}$

Der mittlere Gewinn des Spielers A ist:

$a_1 \cdot P(G=a_1) + a_2 \cdot P(G=a_2)$
$= 1 \cdot \frac{20}{36} + (-1) \cdot \frac{16}{36} = \frac{4}{36} = \frac{1}{9} \approx 0{,}11$

Die Spielregel ist nicht fair.

> Der *Mittelwert* einer Zufallsgröße ist der Wert, mit dem man bei häufiger Versuchsdurchführung rechnen kann. Man nennt ihn den *Erwartungswert der Zufallsgröße*.

> Kann eine Zufallsgröße X die Werte $a_1, \ldots, a_n$ annehmen, dann heißt die Summe von Produkten
>
> $a_1 P(X=a_1) + a_2 P(X=a_2) + \ldots + a_n P(X=a_n)$
>
> **Erwartungswert der Zufallsgröße X** und wird mit $E(X)$ oder auch μ (lies: *mü*) bezeichnet.

Will man den Erwartungswert einer Zufallsgröße berechnen, dann ergänzt man am besten die Verteilungs-Tabelle um eine weitere Spalte und summiert:

a_i	$P(X=a_i)$	$a_i \cdot P(X=a_i)$
a_1	$P(X=a_1)$	$a_1 \cdot P(X=a_1)$
a_2	$P(X=a_2)$	$a_2 \cdot P(X=a_2)$
$\vdots$	$\vdots$	$\vdots$
a_n	$P(X=a_n)$	$a_n \cdot P(X=a_n)$
		$E(X)$

Ü 1
A und B werfen 3 Münzen. Zeigen alle Münzen das gleiche Bild, dann zahlt A an B 1 DM, sonst nichts. Wie groß muß der Einsatz von B sein, damit die Spielregel fair ist?

Ü 2
Wird die Spielregel in Aufgabe 2 fairer, wenn man mit drei Würfeln spielt?

Ü 3
In einem Karton sind 6 Lämpchen, davon sind 3 defekt. Wie oft muß man im Mittel ziehen (ohne Zurücklegen) bis man

a) ein brauchbares Lämpchen,

b) zwei brauchbare Lämpchen gezogen hat?

(Zeichne ein Baumdiagramm!)

Ü 4
A und B vereinbaren, eine Münze solange zu werfen bis Wappen erscheint, maximal jedoch 5mal.

A zahlt an B für jeden notwendigen Wurf 1 DM; ist nach dem 5. Wurf noch kein Wappen eingetreten, muß A 7 DM bezahlen.

Wie groß muß der Einsatz von B sein, damit die Spielregel fair ist?

Ü 5
In einer Lotterie gewinnt man mit 5% der Lose 10 DM, mit 10% 5 DM und mit 20% der Lose 1 DM. Was müssen die Lose kosten, damit der Lotterieveranstalter

a) insgesamt keinen Gewinn hat,

b) im Mittel pro Los 0,50 DM verdient?

Ü 6
In einer Lostrommel sind 20% Gewinnlose und 80% Nieten.

Jemand will solange ein Los kaufen, bis er ein Gewinnlos gezogen hat, maximal jedoch 5 Stück. Mit welcher Ausgabe muß er rechnen, wenn ein Los 2 DM kostet?

Ü 7
Eine Haftpflichtversicherung stellt fest, daß 80% der Versicherungsnehmer in den letzten drei Jahren keine Schadensmeldung abgegeben haben, 15% eine, 3% zwei und je 1% drei bzw. vier Schadensmeldungen.

Mit wie vielen Schadensmeldungen pro Versicherungsnehmer wird die Versicherung in den nächsten drei Jahren rechnen können, wenn die Wahrscheinlichkeit für Schadensmeldungen unverändert bleibt?

Ü 8
In einem Volleyballturnier treffen zwei gleich starke Mannschaften aufeinander.

Ein *Match* gilt als gewonnen, wenn eine Mannschaft drei (zwei) Spiele zu ihren Gunsten entscheidet.

Bestimme den Erwartungswert für die Anzahl der durchzuführenden Spiele!

Ü 9
Bei einem Wettspiel wird vereinbart, daß die Mannschaft gewonnen hat, die zuerst 5 Punkte errungen hat.

Beim Stand von 3 : 2 für die eine Mannschaft muß das Spiel unterbrochen werden. Man einigt sich darauf, den Preis, den der Sieger erhalten sollte, entsprechend den Chancen aufzuteilen.

a) Bestimme die Wahrscheinlichkeit dafür, daß die erste bzw. die zweite Mannschaft gewonnen hätte!
(Die Wahrscheinlichkeit für einen Punktgewinn sei mit 0,5 angesetzt.)

b) Bestimme den Erwartungswert für die Anzahl der ausstehenden Spielrunden!

Ü 10

Für Geldspielautomaten gilt die gesetzlich festgelegte Vorschrift, daß der Erwartungswert der Gewinne mindestens 60% des Spieleinsatzes betragen muß, falls die Spieldauer weniger als 30 Sekunden beträgt. Für jeweils weitere 30 Sekunden kann er sich um jeweils weitere 10% verringern. Der Einsatz bei einem Spiel betrage 0,20 DM.

a) Bei einem Spielautomaten dauert ein Spiel 20 Sekunden. Gewinne werden mit folgenden Wahrscheinlichkeiten ausgeworfen:

Betrag	Wahrscheinlichkeit
0,20 DM	$\frac{1}{10}$
0,50 DM	$\frac{1}{20}$
1 DM	$\frac{1}{30}$
2 DM	$\frac{1}{75}$

Sind die gesetzlichen Vorschriften erfüllt?

b) Bei einem anderen Spielautomaten dauert ein Spiel 45 Sekunden. Hier gilt:

Betrag	Wahrscheinlichkeit
0,10 DM	$\frac{1}{5}$
0,20 DM	$\frac{1}{10}$
0,50 DM	$\frac{1}{25}$
1 DM	$\frac{1}{50}$
2 DM	$\frac{1}{100}$

Sind hier die gesetzlichen Vorschriften erfüllt?

c) Welche Dauer darf ein Spiel bei einem Spielautomaten haben, damit die folgenden Gewinne den gesetzlichen Vorschriften entsprechen?

Betrag	Wahrscheinlichkeit
0,20 DM	$\frac{1}{5}$
0,50 DM	$\frac{1}{15}$
1 DM	$\frac{1}{25}$

Ü 11

Mit Hilfe der Sterbetafel von Seite 10 (**Ü 6**) läßt sich die *mittlere Lebenserwartung* abschätzen.

$P(X = k)$ sei die Wahrscheinlichkeit, daß eine zufällig ausgesuchte Person das Alter k, aber nicht mehr das Alter $k + 5$ bzw. $k + 10$ erreicht.

Für männliche Personen ergibt sich dann die Verteilung und der Erwartungswert:

k	$P(X = k)$	$k \cdot P(X = k)$
0	0,02761	0
10	0,00867	0,087
20	0,01389	0,278
30	0,01917	0,575
40	0,04370	1,748
50	0,04001	2,001
55	0,05933	3,263
60	0,08874	5,324
65	0,12926	8,402
70	0,16097	11,268
75	0,16476	12,357
80	0,13197	10,558
85	0,07679	6,528
90	(<) 0,03513	(<) 3,162
95	...	...

$$E(X) > 65{,}551$$

Bestimme Verteilung und Erwartungswert für weibliche Personen aus der Sterbetafel von Seite 10!

Ü 12

Schätze wie in **Ü 11** die *frühere* mittlere Lebenserwartung für männliche (weibliche) Personen!

	Von 100000 Lebendgeborenen erreichen das Alter x:			
	männlich		weiblich	
x	1901–1910	1932–1934	1901–1910	1932–1934
0	100000	100000	100000	100000
10	72827	88793	75845	90753
20	70647	87298	73564	89490
30	67092	84715	69848	87139
40	62598	81481	65283	84135
50	55340	76322	59812	79620
55	50186	72147	55984	76038
60	43807	66293	50780	70984
65	36079	58106	43540	63712
70	27136	47059	34078	53184
75	17586	33479	23006	39132
80	8987	19122	12348	23500
85	3212	7732	4752	10323
90	683	1966	1131	2868

Aufgabe 3:

Ein Lebensmittelhändler führt in seinem Sortiment auch abgepackte Wurstwaren, die wöchentlich geliefert werden und die nach Ablauf der Haltbarkeitsfristen nicht mehr verkauft werden können.

Durch Beobachtung stellt er fest, daß er von 60 bestellten Packungen 10 in 15% der Fälle, 15 in 10% der Fälle und 5 in 20% der Fälle nicht hätte zu bestellen brauchen. (Er muß immer 5er-Packungen abnehmen.)

In den übrigen Fällen konnte er die gesamte Wurst verkaufen.

Der Händler verdient an einer Packung 1,20 DM; an einer nicht verkauften Packung hat er 2,10 DM Verlust.

Bei welcher Bestellmenge hat er den größten Gewinn?

Lösung:

Falls er 60 Packungen bestellt, ist die Verteilung der Zufallsgröße

X: Anzahl der verkauften Packungen

und deren Erwartungswert E(X):

a_i	$P(X = a_i)$	$a_i P(X = a_i)$
45	0,10	4,5
50	0,15	7,5
55	0,20	11,0
60	0,55	33,0
		E(X) = 56

Er kann damit rechnen, 56 Packungen zu verkaufen. Sein Gewinn ist

$G = 56 \cdot 1{,}20 - 4 \cdot 2{,}10 = 58{,}80$.

Falls er 55 Packungen bestellt, ist die Verteilung der Zufallsgröße X und deren Erwartungswert E(X):

a_i	$P(X = a_i)$	$a_i P(X = a_i)$
45	0,10	4,5
50	0,15	7,5
55	0,75	41,25
		E(X) = 53,25

Er kann damit rechnen, 53,25 Packungen zu verkaufen. Sein Gewinn ist:

$G = 53{,}25 \cdot 1{,}20 - 1{,}75 \cdot 2{,}10 = 60{,}225$

Falls er weniger als 55 Packungen bestellt, wird sein Gewinn weniger als $50 \cdot 1{,}20$ DM = 60 DM betragen.

Den maximalen Gewinn erzielt der Händler bei einer Bestellung von 55 Packungen.

Ü 13

Die Brötchen, die ein Bäcker am Nachmittag backt, müssen am gleichen Tag noch verkauft werden; aus den übriggebliebenen Brötchen kann er höchstens Paniermehl herstellen.

Eine Zeitlang backt er an jedem Nachmittag 500 Brötchen und stellt schließlich fest, daß er an 20% der Tage 200 Brötchen übrig behält, an 30% der Tage 150 Stück, an 40% der Tage 100 Stück, an 10% der Tage 50 Stück.

Hinweis: Mit der Brötchen-Teigmaschine werden Ballen von 50 Stück hergestellt.

Der Bäcker verdient an einem Brötchen 5 Pf, an einem nur zu Paniermehl verarbeiteten Brötchen hat er 8 Pf Verlust.

Bei welcher Herstellungsmenge hat der Bäcker den größten Gewinn?

Ü 14

Ein Feinkosthändler führt in seinem Angebot spezielle leicht verderbliche Fleischsalate, die innerhalb eines Tages nach Herstellung verkauft werden müssen.

Durch Beobachtung stellt er fest, daß er an 5% der Tage 5 Portionen verkaufen kann, an 15% der Tage 6, an 30% der Tage 7, an 25% der Tage 8, an 15% der Tage 9 und an 10% der Tage 10 Portionen.

An einer Portion verdient er 2 DM, während ihm eine nicht verkaufte Portion 5 DM Verlust bringt. Bestimme die Menge, die für ihn den größten Gewinn bringt!

1.5. Kombinatorische Probleme

Aufgabe 1:

Ein Angestellter arbeitet in einer Firma, deren verschiedene Abteilungen in einem Hochhaus untergebracht sind. Bei einem Arbeitsgang muß er vom 2. Stock in den 5. Stock, anschließend in den 9. Stock, zuletzt in den 10. Stock. Es gibt 2 Aufzüge (A1, A2), die auf jeder Etage halten, und je 2 Aufzüge, die (außer im Erdgeschoß) nur auf ungeradzahligen (A3, A5) bzw. geradzahligen (A4, A6) Stockwerken halten. Außerdem ist ein Treppenhaus vorhanden (T).

Wie viele Möglichkeiten hat der Angestellte, seinen Weg zu wählen, wenn man davon ausgeht, daß er das Treppenhaus nur bei übereinanderliegenden Stockwerken benutzt (und daß er nicht *umsteigt*)?

Lösung:

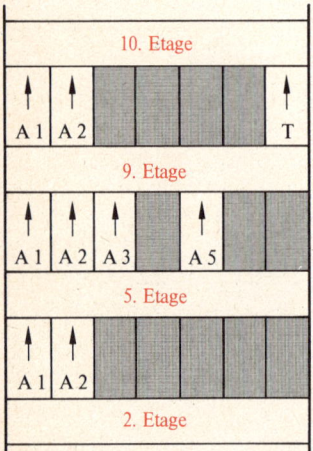

Da sich der Weg des Angestellten aus den drei Teilstrecken beliebig kombinieren läßt, gibt es $2 \cdot 4 \cdot 3 = 24$ verschiedene mögliche Wege für den Arbeitsgang.

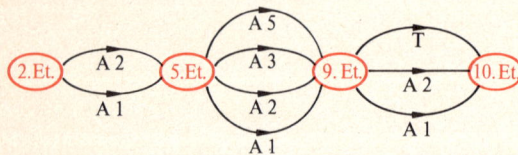

Ü 1

Wie viele Möglichkeiten hat der Angestellte, wenn er nacheinander die Etagen
a) 2, 3, 4, 2   b) 2, 0, 7, 3
besuchen muß?

Ü 2

Auf einem Erhebungsbogen werden die Merkmale Geschlecht (2 Merkmalsausprägungen), Alter (4 Ausprägungen), Familienstand (4), Konfession (3), Schulbildung (4), Wohnortgröße (4) und Region (11 Ausprägungen) betrachtet (vgl. S. 13). Wie viele unterschiedlich ausgefüllte Erhebungsbogen kann es höchstens geben?

Allgemeines Zählprinzip:

Besteht ein Zufallsversuch aus k Stufen und ist die Zahl der möglichen Ausgänge auf den einzelnen Stufen $m_1, m_2, \ldots, m_k$, dann hat der Zufallsversuch $m_1 \cdot m_2 \cdot \ldots \cdot m_k$ mögliche Ausgänge.

Ziehen mit Wiederholung

Aufgabe 2:

a) Wie viele verschiedene Ausgänge hat ein 5facher Münzwurf? Welche Wahrscheinlichkeit hat der Ausgang WWZWZ?

b) Wie viele verschiedene Ausgänge hat ein k-facher Münzwurf? Welche Wahrscheinlichkeit kommt jedem dieser Ausgänge zu?

Lösung:

a) Auf jeder Stufe gibt es die Ausgänge W und Z. Der Zufallsversuch hat $2 \cdot 2 \cdot 2 \cdot 2 \cdot 2 = 2^5$ verschiedene Ausgänge:

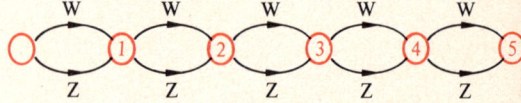

Jeder der 2^5 Ausgänge hat die Wahrscheinlichkeit $\frac{1}{2^5}$, also auch der Ausgang WWZWZ.

b) Beim k-fachen Wurf gibt es 2^k verschiedene Ausgänge, jeweils mit der Wahrscheinlichkeit $\frac{1}{2^k}$.

Ü 3

Wie viele verschiedene Ausgänge hat man beim 3fachen, 4fachen Würfeln? Welche Wahrscheinlichkeit kommt jedem dieser Ausgänge zu?

Ü 4

a) Wie viele verschiedene Tips gibt es beim Fußballtoto (11-er Wette)?

b) Wie viele vollständig falsche Tips gibt es?

Ü 5

a) Wie viele verschiedene 6stellige Telefonnummern gibt es?

b) Wie viele dieser Telefonnummern bestehen nur aus geraden Ziffern?

Ü 6

Auf einer Tagung werden 18 Vorträge gehalten, von denen je 3 parallel laufen. Wie viele Möglichkeiten haben Tagungsteilnehmer, ihr eigenes Programm zusammenzustellen?

Ü 7

In einem Gefäß sind 7 unterscheidbare Kugeln. Wir ziehen eine Kugel und legen sie wieder zurück. Wie viele Ausgänge hat dieser Zufallsversuch, wenn wir 4mal ziehen?

Ü 9

Bei einem Test soll ein Hellseher sagen, in welcher Reihenfolge eine andere Person 5 Dinge angeordnet hat.

Wie groß ist die Wahrscheinlichkeit, daß die Testperson die Reihenfolge richtig rät, ohne hellseherisch begabt zu sein?

Ü 10

Ein Unternehmer hat 8 Lastwagen, die er für 5 Aufträge einsetzen kann.

Wie viele Möglichkeiten hat er, wenn er je einen Lastwagen pro Auftrag benötigt?

Ü 11

Ein Handelsvertreter hat 10 Kunden zu besuchen.

a) Wie viele Möglichkeiten gibt es, diese Tour durchzuführen?

b) Wie viele Additionen von Streckenlängen sind nötig, um die kürzeste Rundstrecke zu finden?

Ü 12

In einem PKW hat man einen Kilometerzähler mit 5 Stellen. Wie oft zeigt der Kilometerzähler auf den ersten 100 000 km

a) eine Zahl mit lauter gleichen Ziffern,

b) eine Zahl mit lauter verschiedenen Ziffern,

c) eine Zahl, bei der nur die erste und fünfte, sowie die zweite und vierte Ziffer übereinstimmen?

Ziehen ohne Wiederholung

Aufgabe 3:

An einem Wettbewerb beteiligen sich 8 Personen.

Wie viele Möglichkeiten gibt es, den ersten, zweiten und dritten Platz zu besetzen?

Wie viele Besetzungen der 8 Ränge sind möglich?

Lösung:

Für die Besetzung des ersten Platzes kommen 8 Personen in Frage, für die Besetzung des zweiten Platzes 7, des dritten Platzes 6; also gibt es insgesamt 8 · 7 · 6 Möglichkeiten.

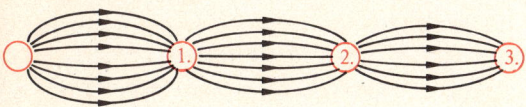

Analog ergeben sich 8 · 7 · 6 · 5 · 4 · 3 · 2 · 1 Möglichkeiten für die Besetzung der 8 Ränge.

Ü 8

Ein Würfel wird viermal geworfen. Wie viele Ausgänge gehören zum Ereignis *4 verschiedene Augenzahlen*? Welche Wahrscheinlichkeit hat dieses Ereignis?

Wir verallgemeinern die Aufgabenstellung von Aufgabe 2 und 3:

In einem Gefäß sind n gleichartige unterscheidbare Kugeln. Es werden k Kugeln nacheinander gezogen, die nach der Ziehung zurückgelegt (*Ziehen mit Wiederholung*) bzw. nicht zurückgelegt werden (*Ziehen ohne Wiederholung*).

Dann gilt:

Anzahl der Versuchsstufen	Anzahl der Ausgänge beim Ziehen	
	mit Zurücklegen	ohne Zurücklegen
1	n	n
2	n^2	$n \cdot (n-1)$
3	n^3	$n(n-1)(n-2)$
k	n^k	$n(n-1) \cdot \ldots \cdot (n-k+1)$

Aufgabe 4:

k unterscheidbare Kugeln sollen auf n Gefäße verteilt werden. Wie viele mögliche Ausgänge hat dieser Zufallsversuch,

a) wenn in ein Gefäß auch mehrere Kugeln gelegt werden dürfen?

b) wenn in jedes Gefäß höchstens eine Kugel gelegt werden darf ($k \leq n$)? Was ergibt sich im Spezialfall $k = n$?

c) Welcher Zusammenhang besteht mit dem Ziehen mit bzw. ohne Wiederholung?

Lösung:

a) Für jede der k Kugeln gibt es n Möglichkeiten; daher gibt es insgesamt n^k mögliche Ausgänge.

b) Für die erste Kugel gibt es n, für die zweite $n-1$, ... für die k-te Kugel $n-k+1$ Möglichkeiten; insgesamt $n(n-1) \cdot \ldots \cdot (n-k+1)$ Möglichkeiten.
Im Fall $k = n$ gibt es $n \cdot (n-1) \cdot \ldots \cdot 3 \cdot 2 \cdot 1$ mögliche Ausgänge.

c) Die Problemstellung von Aufgabe 2 und Teilaufgabe 4a) bzw. von Aufgabe 3 und Teilaufgabe 4b) sind gleich. Beim Verteilen der Kugeln auf Gefäße werden die Gefäße *gezogen* (mit bzw. ohne Wiederholung).

Ü 13

Auf dem Kundenparkplatz einer Firma können 20 Fahrzeuge parken. Auf wie viele Arten können die Parkplätze besetzt werden, wenn

a) 16   b) 20   c) 30

Kunden gleichzeitig kommen?

Ü 14

An einem 100-m-Lauf nehmen 8 Läufer teil. Wie viele Möglichkeiten für die Plazierung gibt es?

Ü 15

An der Abendkasse eines Theaters sind noch 6 Karten für verschiedene Ränge übrig.

Wie viele Möglichkeiten hat der Kassierer, diese Karten an eine Gruppe von 10 Personen zu verkaufen?

Anordnen von Dingen

In dem Spezialfall $k = n$ beim Ziehen ohne Wiederholung kann der Term $n(n-1)(n-2) \ldots 3 \cdot 2 \cdot 1$ auch als Anzahl der Möglichkeiten gedeutet werden, n Dinge anzuordnen.

Zur Abkürzung für diesen Term führen wir die Schreibweise n! (lies: *n Fakultät*) ein. Zusätzlich legen wir fest: $1! = 1$ und $0! = 1$.

$$n! = n(n-1)(n-2) \cdot \ldots \cdot 3 \cdot 2 \cdot 1$$
$$1! = 1$$
$$0! = 1$$

Mit dieser Schreibweise können wir die Anzahl der möglichen Ausgänge beim k-fachen Ziehen ohne Wiederholung anders notieren:

Anzahl der Versuchsstufen	Anzahl der Ausgänge
k	$\dfrac{n!}{(n-k)!}$

Ü 16

Wie viele Möglichkeiten gibt es, 1, 2, 3, 4, 5, 6, 7, 8, 9, 10, 11, 12 Dinge anzuordnen?

Ü 17

Gib für $k = n, n-1, \ldots, 1$ die Anzahl der möglichen Ausgänge beim k-fachen Ziehen ohne Zurücklegen unter Verwendung der Fakultäts-Schreibweise an!

Zusammenfassung:

a) Ein k-stufiger Zufallsversuch mit je n möglichen Ausgängen pro Stufe hat n^k mögliche Ausgänge.
(Ziehen mit Wiederholung)

b) Ein k-stufiger Zufallsversuch mit n möglichen Ausgängen auf der 1. Stufe, $n-1$ möglichen Ausgängen auf der 2. Stufe, usw. hat

$$n(n-1)(n-2) \cdot \ldots \cdot (n-k+1) = \frac{n!}{(n-k)!}$$

mögliche Ausgänge ($k \leq n$).
(Ziehen ohne Wiederholung)

Interpretation im Fall $k = n$:
Es gibt $n(n-1)(n-2) \cdot \ldots \cdot 3 \cdot 2 \cdot 1 = n!$ Möglichkeiten, n Dinge anzuordnen.

Stichprobenentnahme

Aufgabe 5:

In einem Lager wird die angelieferte Ware stichprobenartig überprüft. Mit einem Lieferanten besteht die Übereinkunft, daß die Ware ohne weitere Untersuchungen zurückgegeben werden kann, wenn bei der Kontrolle von 5 beliebig herausgesuchten Produkten 2 (oder mehr) nicht in Ordnung sind.

Wie viele verschiedene Stichproben vom Umfang 5 gibt es, wenn 60 Produkte angeliefert werden?

Lösung:

Eine Stichprobe kann man entnehmen, indem man nacheinander ohne Zurücklegen zieht und dann die Reihenfolge der Ziehung nicht beachtet, oder indem man die Stichprobe auf einmal (mit einem Griff) entnimmt.

5 Dinge aus einer Gesamtheit von 60 Dingen ohne Wiederholung ziehen bedeutet:
Auf der 1. Stufe des 5-stufigen Zufallsversuchs gibt es 60 Möglichkeiten, auf der 2. Stufe 59, auf der 3. Stufe 58, auf der 4. Stufe 57, auf der 5. Stufe 56.

$$60 \cdot 59 \cdot 58 \cdot 57 \cdot 56 = \frac{60!}{55!}$$

Es gibt 5! Möglichkeiten 5 Dinge in verschiedener Reihenfolge anzuordnen (oder zu ziehen).

Daher gibt es nicht $\frac{60!}{55!}$ Möglichkeiten der Stichprobenentnahme, sondern nur:

$$\frac{60!}{55!\,5!} = \frac{60 \cdot 59 \cdot 58 \cdot 57 \cdot 56}{5 \cdot 4 \cdot 3 \cdot 2 \cdot 1} = 5\,461\,512$$

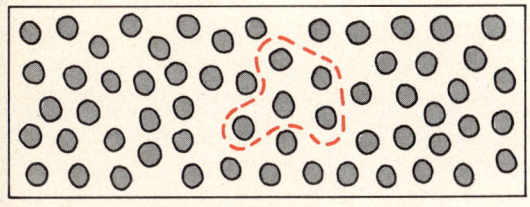

Eine Stichprobennahme entspricht dem Bilden einer Teilmenge aus einer Grundmenge.

Für die Anzahl der 5elementigen Teilmengen einer 60elementigen Menge $\frac{60!}{55!\,5!}$ führen wir die Schreibweise $\binom{60}{5}$ ein (lies: *60 über 5*). Allgemein:

$$\binom{n}{k} = \frac{n!}{(n-k)!\,k!}$$

Ü 18

Wie viele Möglichkeiten gibt es, eine Stichprobe vom Umfang k aus einer Gesamtheit von n Dingen zu entnehmen?

a) k = 3, n = 20   b) k = 6, n = 15
c) k = 8, n = 12   d) k = 4, n = 12

Ü 19

Wie viele k-elementige Teilmengen hat eine n-elementige Menge?

a) k = 7, n = 14   b) k = 5, n = 10
c) k = 9, n = 13   d) k = 7, n = 8

Ü 20

a) Aus einem Kartenspiel mit 32 Karten werden 4 Karten gezogen. Wie groß ist die Wahrscheinlichkeit, daß dies die 4 Asse sind?

b) Aus einem Kartenspiel mit 32 Karten werden 8 Karten gezogen. Wie groß ist die Wahrscheinlichkeit, daß dies die Kreuz-Karten sind?

Ü 21

a) Warum gibt es genauso viele 3elementige Teilmengen einer 10elementigen Menge wie 7elementige Teilmengen?

b) Begründe (formal und verbal): $\binom{n}{k} = \binom{n}{n-k}$

für k = 0, 1, 2, ..., n und n ∈ ℕ!

c) Wie viele 1elementige Teilmengen hat eine 10elementige Menge? Wie viele 9elementige Teilmengen hat sie?

d) Begründe $\binom{n}{1} = \binom{n}{n-1} = n$ für n ∈ ℕ!

e) Wie viele 10elementige Teilmengen hat eine 10elementige Menge? (Wie viele 0elementige Teilmengen gibt es?)

f) Begründe $\binom{n}{0} = \binom{n}{n} = 1$ für n ∈ ℕ!

Zusammenfassung:

Die Anzahl der Möglichkeiten, eine k-elementige Teilmenge aus einer n-elementigen Grundmenge zu ziehen (k Dinge aus einer Gesamtheit von n Dingen *auf einmal* zu ziehen), ist

$$\binom{n}{k} = \frac{n!}{(n-k)!\,k!}$$

$\binom{n}{k}$ und PASCALsches Dreieck

Rechnen wir die Terme $\binom{n}{k}$ für $n = 0, 1, 2, 3, \ldots$ und $0 \leq k \leq n$ aus, so erhalten wir die Zahlen aus dem PASCALschen Dreieck:

n\k	0	1	2	3	4	5	6	7	8	9	10
0	1	–	–	–	–	–	–	–	–	–	–
1	1	1	–	–	–	–	–	–	–	–	–
2	1	2	1	–	–	–	–	–	–	–	–
3	1	3	3	1	–	–	–	–	–	–	–
4	1	4	6	4	1	–	–	–	–	–	–
5	1	5	10	10	5	1	–	–	–	–	–
6	1	6	15	20	15	6	1	–	–	–	–
7	1	7	21	35	35	21	7	1	–	–	–
8	1	8	28	56	70	56	28	8	1	–	–
9	1	9	36	84	126	126	84	36	9	1	–
10	1	10	45	120	210	252	210	120	45	10	1

Wiederholung: PASCALsches Dreieck

Das PASCALsche Dreieck wird nach zwei Prinzipien konstruiert:

1. Am Anfang und am Ende jeder Zeile steht eine Eins:
   0. Zeile: 1
   1. Zeile: 1   1
   2. Zeile: 1   1
   3. Zeile: 1   1
   4. Zeile: 1   1
   usw.

2. Addiere zwei benachbarte Zahlen und schreibe die Summe in die nächste Zeile:
   0. Zeile: 1
   1. Zeile: 1   1
   2. Zeile: 1   2   1
   3. Zeile: 1   3   3   1
   4. Zeile: 1   4   6   4   1
   5. Zeile: 1   5   10   10   5   1
   usw.

Die Numerierung der Zeilen beginnt bei 0, weil dies dem Zusammenhang mit den Binomischen Formeln entspricht.

Entsprechend zählt man auch innerhalb einer Zeile: z.B. steht in der 5. Zeile
an der 0. Stelle   1,
an der 1. Stelle   5,
an der 2. Stelle   10,
usw.

Die Zahlen des PASCALschen Dreiecks werden zur Entwicklung von Binomischen Termen benötigt.

Es ist:

$(a + b)^2 = \mathbf{1}a^2 + \mathbf{2}ab + \mathbf{1}b^2$

$(a + b)^3 = \mathbf{1}a^3 + \mathbf{3}a^2b + \mathbf{3}ab^2 + \mathbf{1}b^3$

$(a + b)^4 = \mathbf{1}a^4 + \mathbf{4}a^3b + \mathbf{6}a^2b^2 + \mathbf{4}ab^3 + \mathbf{1}b^4$

usw.

Der Spitze des Dreiecks entsprechen die Terme:

$(a + b)^0 = 1$ bzw. $(a + b)^1 = \mathbf{1}a + \mathbf{1}b$

Ü 22

a) Berechne:
   (1) $(a + b)^3$ aus $(a + b)^2$,
   (2) $(a + b)^6$ aus $(a + b)^5$,
   (3) $(a + b)^9$ aus $(a + b)^8$!

b) Welche Rolle spielen hierbei die Konstruktionsprinzipien des PASCALschen Dreiecks?

   (Wie ergeben sich z. B. die Koeffizienten von $(a + b)^3$ aus denen von $(a + b)^2$?)

Ü 23

Entwickle die Binomischen Terme:

a) $(x + 1)^5$ b) $(x - 1)^5$
c) $(x + 1)^7$ d) $(x - 1)^4$
e) $(a - b)^3$ f) $(a - b)^4$

Ü 24

Berechne mit Hilfe der (allgemeinen) Binomischen Formeln:

a) $1{,}01^4$ (Anleitung: $1{,}01^4 = (1 + 0{,}01)^4$)

b) $0{,}99^3$

c) $0{,}9^7$

Aufgabe 6:

In einer Gesamtheit von 30 Stücken befinden sich 20 brauchbare und 10 unbrauchbare Stücke. Wie groß ist die Wahrscheinlichkeit, 3 brauchbare und 2 unbrauchbare Stücke zu ziehen, wenn man eine Stichprobe vom Umfang 5 entnimmt?

Lösung:

Es gibt $\binom{30}{5}$ Möglichkeiten, 5 Stücke aus einer Gesamtheit von 30 Stücken zu ziehen.

Von diesen interessieren uns alle die Stichproben, die 3 brauchbare und 2 unbrauchbare Stücke enthalten.

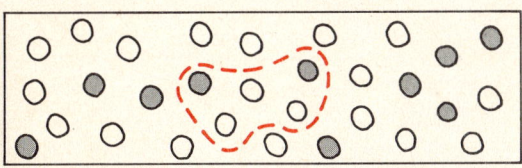

Es gibt $\binom{20}{3}$ Möglichkeiten, 3 brauchbare Stücke aus einer Teilgesamtheit von 20 brauchbaren Stücken zu ziehen,

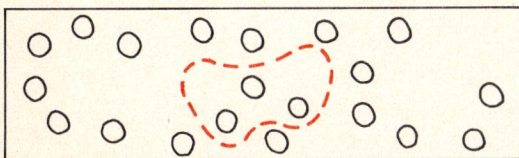

und $\binom{10}{2}$ Möglichkeiten, 2 unbrauchbare Stücke aus einer Teilgesamtheit von 10 unbrauchbaren Stücken zu ziehen.

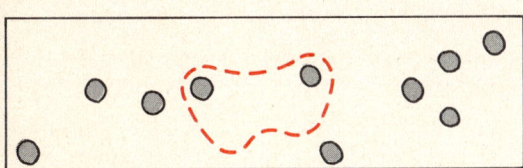

Dies sind $\binom{20}{3}\binom{10}{2}$ von insgesamt $\binom{30}{5}$ Stichproben. Die Wahrscheinlichkeit ist dann:

$$\frac{\binom{20}{3}\cdot\binom{10}{2}}{\binom{30}{5}} = \frac{\frac{20\cdot 19\cdot 18}{3\cdot 2\cdot 1}\cdot\frac{10\cdot 9}{2\cdot 1}}{\frac{30\cdot 29\cdot 28\cdot 27\cdot 26}{5\cdot 4\cdot 3\cdot 2\cdot 1}} = \frac{1140\cdot 45}{142506} \approx 0{,}36$$

Ü 25

In einer Gesamtheit von 30 Stücken befinden sich 15 Stücke I. Wahl, 10 Stücke II. Wahl, 5 Stücke die unbrauchbar sind.

Wie groß ist die Wahrscheinlichkeit, 3 Stücke I. Wahl, 2 Stücke II. Wahl und 1 unbrauchbares Stück bei einer Stichprobe vom Umfang 6 zu ziehen?

Ü 26

An einem Besuch im Landtag können insgesamt 20 Schüler aus 4 Parallelklassen teilnehmen.

Aus Klasse A möchten 8, aus Klasse B 7, aus Klasse C 9 und aus Klasse D 6 Schüler teilnehmen.

Wie viele Möglichkeiten gibt es, wenn

(1) aus jeder Klasse 5 Schüler fahren dürfen,

(2) unter den 30 Interessenten 20 ausgelost werden?

Ü 27

Bei einer Meinungsumfrage in einer Klassenstufe von 100 Schülern (aus 4 Klassen mit je 25 Schülern) soll eine Stichprobe vom Umfang 20 genommen werden.

Wie viele Möglichkeiten der Stichprobennahme gibt es, wenn

a) diese 20 unter den 100 ausgelost werden,

b) 5 aus jeder Klasse ausgelost werden,

c) unter den 60 Jungen der Stufe 12 Jungen und unter den 40 Mädchen der Stufe 8 Mädchen ausgelost werden?

Ü 28

Zehn Schüler, die einen Jahrgang wiederholen müssen, können auf fünf Klassen (a, b, c, d, e) verteilt werden.

Wie viele Möglichkeiten der Einteilung gibt es, wenn

a) in jede Klasse 2 Schüler kommen sollen,

b) in Klasse a 3 Schüler, in Klasse b 5 Schüler und in Klasse c 2 Schüler,

c) in Klasse a 5 Schüler, in Klasse b 2 Schüler und in Klasse c 3 Schüler,

d) in eine der Klassen 6 Schüler und in eine andere Klasse 4 Schüler?

Ü 29

Bestimme die Wahrscheinlichkeit, im Zahlenlotto *(6 aus 49)*

a) 6 Richtige,

b) 5 Richtige mit Zusatzzahl,

c) 5 Richtige (aber ohne Zusatzzahl),

d) 4 Richtige,

e) 3 Richtige zu haben,

f) zu gewinnen (d. h. mindestens 3 Richtige zu haben)!

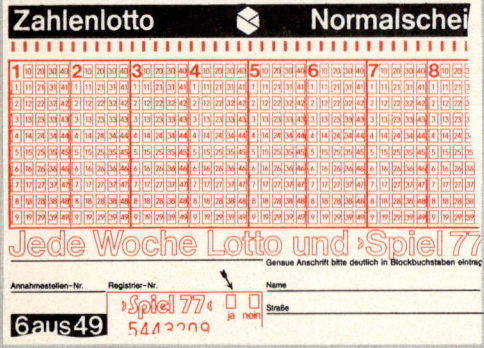

Ü 30

In den Gewinnrängen von *6 aus 49* werden im Mittel die folgenden Beträge ausgezahlt:

1. Rang (6 Richtige)	525 000 DM
2. Rang (5 Richtige mit Zusatzzahl)	43 700 DM
3. Rang (5 Richtige ohne Zusatzzahl)	3 120 DM
4. Rang (4 Richtige)	58 DM
5. Rang (3 Richtige)	4,60 DM

(Der Einsatz pro Spiel beträgt 0,50 DM.)

Bestimme den Erwartungswert für den Gewinn (in DM)!

Ü 31

Mit welcher Wahrscheinlichkeit sind unter den Gewinnzahlen beim Lotto mindestens zwei benachbarte Zahlen?

(Anleitung: Betrachte das Gegenereignis: Alle 6 Gewinnzahlen sind nicht benachbart.

Damit zwei Zahlen nicht benachbart sind, darf der Nachfolger der kleineren Zahl nicht Gewinnzahl sein. Bei 6 Gewinnzahlen kommen daher 5 von 49 Zahlen nicht als Gewinnzahlen in Frage.)

Ü 32

Wie groß ist die Wahrscheinlichkeit, im Fußball-Toto

a) im 2. Rang (10 Richtige),

b) im 3. Rang (9 Richtige)   zu gewinnen?

Ü 33

Beim Glücksspiel *Rennquintett* muß man den Ausgang eines festgelegten Pferderennens vorhersagen. Im ersten Teil des Spiels *(Pferdetoto)* kommt es auf die Angabe der richtigen Reihenfolge der im Ziel einlaufenden Pferde an. Im zweiten Teil werden irgendwelche 4 Pferde aus der Gesamtzahl der 18 startenden Pferde ausgelost *(Pferdelotto – 4 aus 18)*.

Bestimme die Wahrscheinlichkeit dafür, daß man durch bloßes Raten richtig angibt:

(1) die Reihenfolge der ersten drei im Ziel einlaufenden Pferde,

(2) die ersten drei im Ziel einlaufenden Pferde,

(3) die vier ausgelosten Pferde,

(4) drei der vier ausgelosten Pferde!

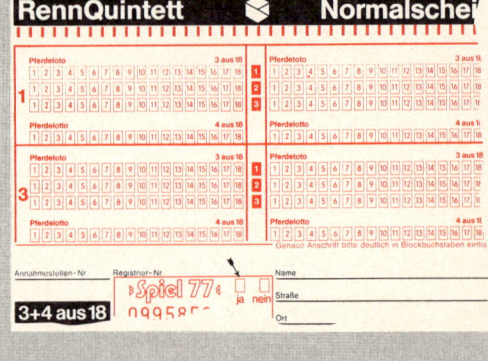

Ü 34

Beim Skatspiel werden an die drei Spieler je 10 Karten verteilt, 2 werden im *Skat* abgelegt.

a) Wie viele verschiedene Skatblätter kann ein Spieler erhalten?

b) Wie viele Möglichkeiten gibt es, die 32 Karten an die 3 Spieler und in den *Skat* zu verteilen? Spielt die Art der Verteilung eine Rolle?

Ü 35

Wie groß ist die Wahrscheinlichkeit, daß

a) unter den 10 Karten, die ein Skatspieler erhält (vgl. **Ü 34**),
   (1) zwei (2) drei (3) vier
   Asse sind,

b) unter den 2 Karten im *Skat*
   (1) kein (2) ein
   As ist?

Ü 36

Aus den Buchstaben eines Worts sollen möglichst viele neue Wörter gebildet werden.

Bestimmt man alle möglichen Buchstabengebilde, dann kann man hieraus systematisch alle zulässigen Wörter herausfinden. Wie viele Buchstabengebilde gibt es, wenn das vorgegebene Wort

a) 4   b) 5   c) n

verschiedene Buchstaben hat?

Ü 37

In einem Gefäß sind 40 numerierte Kugeln. Eine Kugel wird zufällig gezogen und nach Ablesen der Zahl wieder zurückgelegt.

Bestimme die Wahrscheinlichkeit, daß

a) beim zweiten Mal eine Kugel mit einer anderen Nummer gezogen wird,

b) beim 3- (4-, 5-, n-)fachen Ziehen lauter verschiedene Kugeln gezogen werden,

c) unter 3 (4, 5, n) gezogenen Kugeln mindestens 2 Nummern gleich sind!

d) Für welche Anzahl n gilt mit einer Wahrscheinlichkeit von mindestens 50% (90%):
   Unter n gezogenen Kugeln sind mindestens zwei gleiche? (Taschenrechner benutzen!)

Ü 38

2 (3, 4, n) Personen werden zufällig ausgesucht.

a) Wie groß ist die Wahrscheinlichkeit, daß diese an verschiedenen Tagen Geburtstag haben?

b) Wie groß ist die Wahrscheinlichkeit, daß mindestens 2 am gleichen Tag Geburtstag haben?

c) Wie groß muß die Stichprobe gewählt werden, damit die Wahrscheinlichkeit in Aufgabe b) mehr als 50% beträgt?

Ü 39

Bei dem Spiel *Superhirn* (*Master Mind*) ist von dem einen Spieler (B) zu erraten, in welcher Reihenfolge der andere Spieler (A) 4 (verschieden-)farbige Nadeln gesteckt hat.

Spieler A hat 6 verschiedene Farben zur Auswahl.

In der ersten Runde steckt Spieler B 4 Nadeln auf's Geratewohl in 4 Löcher am anderen Ende des Spielbretts.

Spieler A muß nun angeben, wie viele Nadeln des Spielers B richtig gesetzt wurden. (Die Nadeln des Spielers B können *entweder* in Farbe und Position *oder* in Farbe, aber nicht in Position, mit den Nadeln des Spielers A übereinstimmen.)

Aufgrund dieser Angaben von A kann B in der zweiten Runde erneut versuchen, die Nadelreihe zu erraten, usw.

Betrachten wir nur die erste Runde:

Wie groß ist die Wahrscheinlichkeit, daß Spieler B

a) die Nadelreihe des Spielers A richtig rät,

b) alle 4 Farben (nur 3, nur 2 Farben) richtig rät,

c) die Nadelreihe des Spielers A richtig rät, wenn bei abgeänderter Spielregel Spieler A auch Farben *mehrfach* verwenden kann?

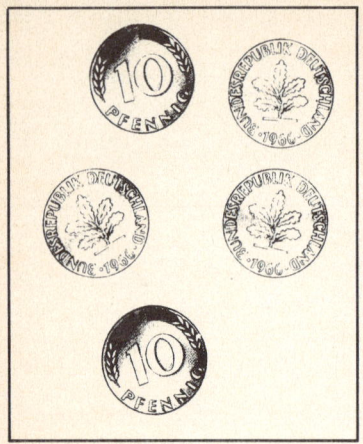

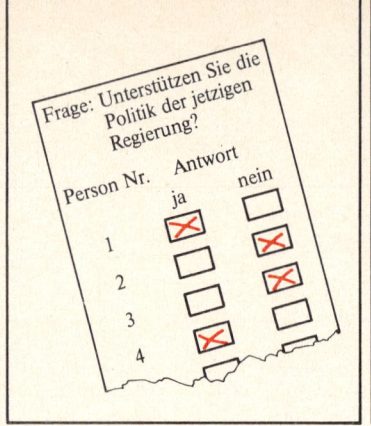

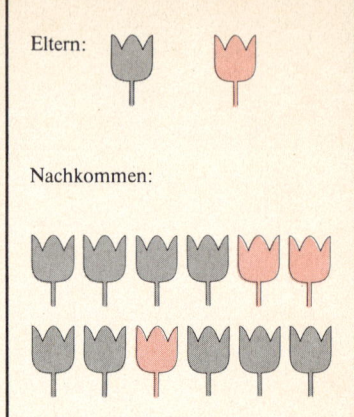

2. Binomialverteilungen

2.1. BERNOULLI-Versuche

In Kapitel **1** untersuchten wir Zufallsversuche verschiedener Art. Jetzt betrachten wir eine Klasse von Zufallsversuchen, die von besonderer Bedeutung ist:

Aufgabe 1:
Vergleiche die folgenden n-stufigen Zufallsversuche! Gib Gemeinsamkeiten an!
(1) Eine Münze wird 5mal geworfen.
(2) 1000 Personen werden befragt, ob sie die Politik der Regierung unterstützen.
(3) Aus Kreuzungsversuchen mit Pflanzen gingen 12 Nachkommen hervor.

Lösung:
Bei allen diesen Zufallsversuchen gibt es auf jeder Stufe jeweils nur 2 Ausgänge:
Wappen oder Zahl, die befragte Person unterstützt die Regierung oder nicht, die Blüten der Nachkommen sind entweder rot oder weiß.

Die Wahrscheinlichkeiten für diese beiden Ausgänge sind auf allen (5 bzw. 1000 bzw. 12) Stufen gleich.

Ist (1) ein LAPLACE-Versuch, dann kennen wir die Wahrscheinlichkeit.

Über die Wahrscheinlichkeit in Beispiel (2) könnte man etwas aufgrund von langen Versuchsreihen erfahren.

Die Wahrscheinlichkeit in Beispiel (3) ergibt sich aus den Vererbungsgesetzen (vgl. Kap. **4**).

Ein 1stufiger **BERNOULLI-Versuch** ist ein 1stufiger Zufallsversuch mit nur zwei möglichen Ausgängen, die man mit *Erfolg* bzw. *Mißerfolg* bezeichnet.

Die Wahrscheinlichkeit für einen Erfolg wird mit p *(Erfolgswahrscheinlichkeit des BERNOULLI-Versuchs)*, die für einen Mißerfolg mit q ($= 1 - p$) bezeichnet.

Ein n-stufiger BERNOULLI-Versuch ist die Abfolge von n voneinander unabhängigen gleichartigen 1stufigen BERNOULLI-Versuchen.

Ü 1
Welche der folgenden Zufallsversuche können als BERNOULLI-Versuche aufgefaßt werden? Begründe die Entscheidung!

a) Aus einer Kiste mit Schrauben werden einzeln nacheinander 10 Stück herausgenommen, auf ihre Brauchbarkeit geprüft und danach wieder zurückgelegt.

b) Beim Training einer Fußballmannschaft tritt jeder der 10 Feldspieler einen Elfmeter.

c) In einem Gefäß sind schwarze und weiße Kugeln. 6 werden auf einmal herausgenommen.

d) Bei einer Meinungsumfrage haben die befragten Personen die Möglichkeit, einer bestimmten Meinung zuzustimmen oder diese abzulehnen.

e) Eine Klasse wählt einen Klassensprecher und seinen Stellvertreter.

Viele Zufallsversuche kann man als BERNOULLI-Versuche auffassen: Man betrachtet von verschiedenen Ausprägungen eines Merkmals nur eine Ausprägung und bezeichnet diese als *Erfolg*, wenn sie auftritt – alle übrigen Ausprägungen werden als *Mißerfolg* angesehen.

Beispiele:

(1) Zu Beginn des Spiels *Mensch ärgere Dich nicht* wünscht man, *Augenzahl 6* zu würfeln. Später kommt es vor, daß *Augenzahl 1* oder *Augenzahl kleiner 4* von Interesse ist. Entsprechend wird man das eine oder andere als *Erfolg* ansehen.

(2) Untersucht man die Blutgruppenzugehörigkeit von Personen einer Bevölkerungsgruppe, dann kann einmal die Blutgruppe A, ein andermal die Blutgruppe B oder 0 oder AB von Interesse sein. Man wird dann das Auftreten der einen oder der anderen Blutgruppe je nach Bedarf als *Erfolg* bezeichnen.

(3) In Geburtsstatistiken bestimmt man die relativen Häufigkeiten für Jungengeburten, um die Wahrscheinlichkeit für eine Jungengeburt zu schätzen. Die Bezeichnungen *Erfolg* und *Mißerfolg* sind auch hier willkürliche Zuordnungen.

Ü 2

Überlege, welche BERNOULLI-Versuche folgenden Vorgängen zugeordnet werden können! Was kann als *Erfolg*, was als *Mißerfolg* angesehen werden?

a) Eine Klasse geht ins Schwimmbad.
b) Eine Reisegesellschaft passiert die Zollkontrolle.
c) Am Ende eines Fließbandes werden Geräte kontrolliert.
d) Ein Lehrer stellt einen Multiple-choice-Test.
e) Jemand gibt einen Lotto-Tip ab.
f) Jemand wiegt den Inhalt von Konservendosen nach.

BERNOULLI-Versuche und Ziehen ohne Zurücklegen

Aufgabe 2:

a) Aus einem Behälter mit 100 weißen und 100 schwarzen Kugeln wird gezogen.
Vergleiche die Wahrscheinlichkeiten der Ereignisse:
E_1: sssswww beim 6fachen Ziehen und
E_2: sssswwww beim 8fachen Ziehen!

b) Ziehen ohne Zurücklegen ist kein BERNOULLI-Versuch. Welche Konsequenz hat das Ergebnis von a) für diese Feststellung?

Lösung:

a) Ziehen mit Zurücklegen | Ziehen ohne Zurücklegen

$$P(E_1) = \frac{100^3 \cdot 100^3}{200^6}$$
$$= 0{,}01563$$

$$P(E_1) = \frac{(100 \cdot 99 \cdot 98)^2}{200 \cdot 199 \cdot \ldots \cdot 195}$$
$$= 0{,}01586$$

$$P(E_2) = \frac{100^4 \cdot 100^4}{200^8}$$
$$= 0{,}00391$$

$$P(E_2) = \frac{(100 \cdot 99 \cdot 98 \cdot 97)^2}{200 \cdot 199 \cdot \ldots \cdot 193}$$
$$= 0{,}00399$$

b)

Ziehen ohne Zurücklegen kann man näherungsweise als BERNOULLI-Versuch auffassen, wenn das Verhältnis
Umfang der Gesamtheit : Umfang der Stichprobe
(sehr) groß ist.

Ü 3

Bestimme die Wahrscheinlichkeiten von Ereignissen beim Ziehen mit und ohne Zurücklegen für die Ereignisse E_1 und E_2 aus Aufgabe **2**, wenn in der Grundgesamtheit

a) je 500   b) je 1000   c) je 10000

weiße und schwarze Kugeln sind!

Ü 4

a) In Aufgabe **1** wurde eine Meinungsbefragung als BERNOULLI-Versuch beschrieben, obwohl man bei einem solchen Zufallsversuch darauf achtet, eine Person nicht zweimal zu befragen.
Nimm hierzu Stellung!

b) Bei welchen Zufallsversuchen kann man ebenso wie in a) argumentieren? Nenne Beispiele!

Zufallsgrößen bei BERNOULLI-Versuchen

Die Einführung von Zufallsgrößen in Kapitel **1** ermöglichte eine bequeme Beschreibung von Zufallsversuchen.

> Bei BERNOULLI-Versuchen interessiert vor allem die Anzahl der Erfolge. Daher vereinbaren wir, im folgenden die Zufallsgröße
>
> X: Anzahl der Erfolge beim n-stufigen BERNOULLI-Versuch
>
> zu verwenden.

Beispiel:

Eine Münze wird dreimal geworfen; *Wappen* werde als *Erfolg* angesehen. Die Zufallsgröße X ist hier:

X: Anzahl der Wappen beim 3fachen Münzwurf

Aus dem Baumdiagramm lesen wir ab, welche Zuordnungen sich durch die Zufallsgröße X ergeben:

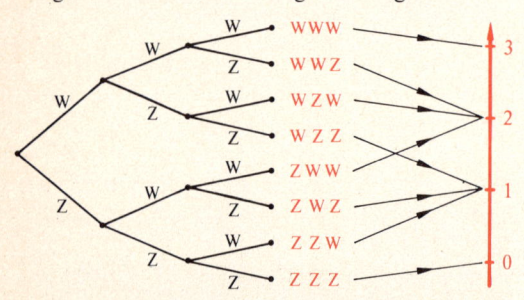

Ü 5

a) Welche Ausgänge hat der Zufallsversuch *2faches Werfen eines Reißnagels?*

X: Anzahl der Würfe mit Lage ⊀

Welche Zuordnungen ergeben sich durch die Zufallsgröße X?

b) Welche Ausgänge hat der Zufallsversuch *Kontrolle der Einwaage von 4 Konservendosen?*

X: Anzahl der Konservendosen mit ausreichender Füllmenge

Welche Zuordnungen ergeben sich durch die Zufallsgröße X?

c) Welche Ausgänge hat der Zufallsversuch *Kontrolle von 5 Glühlampen?*

X: Anzahl der brauchbaren Glühlampen

Welche Zuordnungen ergeben sich durch die Zufallsgröße X?

d) X: Anzahl der Erfolge beim n-stufigen BERNOULLI-Versuch

Welche Wertemenge hat die Zufallsgröße X?

Verteilungen bei BERNOULLI-Versuchen

Aufgabe 3:

X: Anzahl der Würfe mit Augenzahl 6 beim 4fachen Würfeln

a) Wie viele Pfade gehören jeweils zum Ereignis X = k (k = 0, 1, 2, 3, 4)?
Woher sind diese Zahlen bekannt?

b) Welche Wahrscheinlichkeit hat jeder Pfad, der zum Ereignis X = k gehört?

c) Bestimme die Verteilung der Zufallsgröße X!

Lösung:

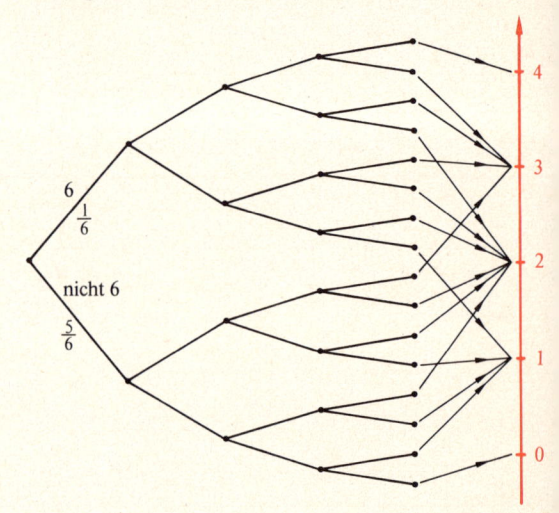

a) Zum Ereignis X = k (k = 0, 1, 2, 3, 4) gehören 1, 4, 6, 4, 1 Pfade.
Dies sind die Zahlen aus der vierten Zeile des PASCALschen Dreiecks.

b) Die Pfade, die zum Ereignis X = k gehören, haben jeweils gleiche Wahrscheinlichkeiten:

k = 0: $(\frac{1}{6})^0 \cdot (\frac{5}{6})^4$ k = 1: $(\frac{1}{6})^1 \cdot (\frac{5}{6})^3$

k = 2: $(\frac{1}{6})^2 \cdot (\frac{5}{6})^2$ k = 3: $(\frac{1}{6})^3 \cdot (\frac{5}{6})^1$

k = 4: $(\frac{1}{6})^4 \cdot (\frac{5}{6})^0$

c) Die Verteilung von X ist:

k	P(X = k)
0	$1 \cdot (\frac{1}{6})^0 \cdot (\frac{5}{6})^4$
1	$4 \cdot (\frac{1}{6})^1 \cdot (\frac{5}{6})^3$
2	$6 \cdot (\frac{1}{6})^2 \cdot (\frac{5}{6})^2$
3	$4 \cdot (\frac{1}{6})^3 \cdot (\frac{5}{6})^1$
4	$1 \cdot (\frac{1}{6})^4 \cdot (\frac{5}{6})^0$

Ü 6

X: Anzahl der Würfe mit *Augenzahl 3* oder *Augenzahl 4* beim 3fachen Würfeln

a) Wie viele Pfade gehören jeweils zum Ereignis X = k (k = 0, 1, 2, 3)?
Woher sind diese Zahlen bekannt?

b) Welche Wahrscheinlichkeit hat jeder Pfad, der zum Ereignis X = k gehört?

c) Bestimme die Verteilung der Zufallsgröße X!

Ü 7

Sei X: Anzahl der Würfe mit Augenzahl 1 beim 2fachen Würfeln

a) Wie viele Pfade gehören jeweils zum Ereignis X = k (k = 0, 1, 2)?

b) Welche Wahrscheinlichkeit hat jeder Pfad, der zum Ereignis X = k gehört?

c) Bestimme die Verteilung der Zufallsgröße X!

Zusammenhang mit dem PASCALschen Dreieck

Aufgabe 4:

Wenn man eine Münze viermal wirft, kann man nach dem 3. Wurf den *Zwischenstand* feststellen.

Welche Situation muß nach dem 3. Wurf gegeben sein, damit nach dem 4. Wurf

a) dreimal Wappen,

b) nullmal (viermal) Wappen vorliegt?

Beschreibe jeweils den Zusammenhang mit dem Aufbau des PASCALschen Dreiecks!

Lösung:

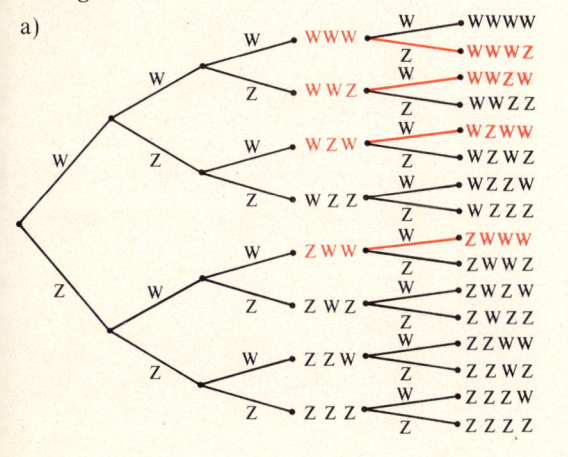

a)

Nach dem dritten Wurf hat man entweder bereits dreimal Wappen (1 Pfad) und wirft dann Zahl oder man hat erst zweimal Wappen (3 Pfade) und wirft dann wieder Wappen.

Die Anzahl der zum Ereignis *Dreimal Wappen beim vierfachen Münzwurf* gehörenden Pfade ist also gleich der Anzahl der zum Ereignis *Dreimal Wappen beim dreifachen Münzwurf* gehörenden Pfade plus der Anzahl der zum Ereignis *Zweimal Wappen beim dreifachen Münzwurf* gehörenden Pfade.

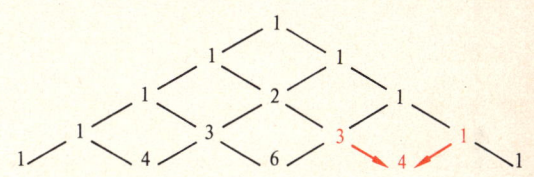

Dies entspricht dem 2. Konstruktionsprinzip des PASCALschen Dreiecks (Addiere zwei benachbarte Zahlen und schreibe die Summe in die nächste Zeile.)

b) Zum Ereignis *Nullmal Wappen (Viermal Wappen) beim vierfachen Münzwurf* gibt es offensichtlich nur jeweils einen Pfad.

Dies entspricht dem 1. Konstruktionsprinzip des PASCALschen Dreiecks (Am Anfang und am Ende jeder Zeile steht eine Eins.)

Ü 8

Überlege wie in Aufgabe **4**: Wie kommt es zu

a) 7mal Wappen beim 10fachen Münzwurf,

b) 1mal Augenzahl 6 beim 2fachen Würfeln,

c) k-mal Wappen beim n-fachen Münzwurf?

Ü 9

Was läßt sich aus dem folgenden Diagramm direkt ablesen?

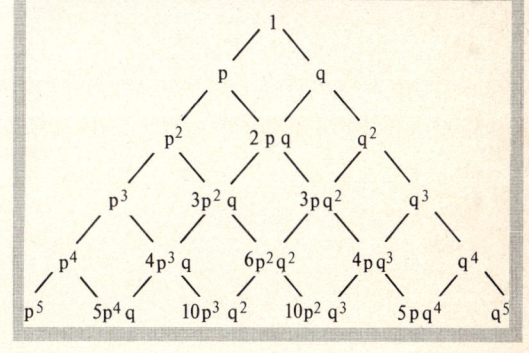

$$
\begin{array}{c}
1 \\
p \quad q \\
p^2 \quad 2pq \quad q^2 \\
p^3 \quad 3p^2q \quad 3pq^2 \quad q^3 \\
p^4 \quad 4p^3q \quad 6p^2q^2 \quad 4pq^3 \quad q^4 \\
p^5 \quad 5p^4q \quad 10p^3q^2 \quad 10p^2q^3 \quad 5pq^4 \quad q^5
\end{array}
$$

Zusammenhang mit der Kombinatorik

Liegt ein BERNOULLI-Versuch mit großem Stichprobenumfang vor, dann ist es mühsam, die Anzahl der zu einem Ereignis gehörenden Pfade zu bestimmen. Es lohnt sich, hier einen Zusammenhang mit der Kombinatorik herzustellen:

Aufgabe 5:
Wie viele Möglichkeiten gibt es, bei einem 10fachen Münzwurf 6mal Wappen zu haben?

Lösung:
Die Fragestellung ist gleichbedeutend mit:

Wie viele Möglichkeiten gibt es, sechs W (und vier Z) auf die 10 Stufen zu verteilen?

Oder:

Wie viele 6elementige Teilmengen einer 10elementigen Menge gibt es?

In Kapitel **1.4** fanden wir hierfür den Term

$$\frac{10!}{6!\,4!} = \frac{10 \cdot 9 \cdot 8 \cdot 7}{4 \cdot 3 \cdot 2 \cdot 1} = 210$$

und hatten die Schreibweise $\binom{10}{6}$ eingeführt.

Ü 10

a) Wie viele Möglichkeiten gibt es, 3 W (und 6 Z) auf 9 Plätze zu verteilen?

b) Wie viele Möglichkeiten gibt es, 6 W (und 3 Z) auf 9 Plätze zu verteilen?

c) Wie viele Möglichkeiten gibt es, k Erfolge auf die n Stufen eines n-stufigen BERNOULLI-Versuchs zu verteilen?

Wahrscheinlichkeiten für Ereignisse bei BERNOULLI-Versuchen

Aufgabe 6:
a) Wie viele Ausgänge gehören zum Ereignis *2mal Augenzahl 6 beim 9fachen Würfeln*?
Welche Wahrscheinlichkeit hat jeder dieser Ausgänge?
Welche Wahrscheinlichkeit hat das Ereignis?

b) Verallgemeinere die Überlegungen aus a):
Bestimme die Wahrscheinlichkeit für k-maligen Erfolg (k = 0, 1, 2, ..., n) bei einem beliebigen n-stufigen BERNOULLI-Versuch mit der Erfolgswahrscheinlichkeit p!

Lösung:

a) Zum Ereignis *2mal Augenzahl 6 beim 9fachen Würfeln* gehören $\binom{9}{2}$ Ausgänge, die alle die Wahrscheinlichkeit $\left(\frac{1}{6}\right)^2 \cdot \left(\frac{5}{6}\right)^7$ haben (2 Erfolge mit Wahrscheinlichkeit $\frac{1}{6}$, 7 Mißerfolge mit Wahrscheinlichkeit $\frac{5}{6}$).

Das Ereignis hat daher die Wahrscheinlichkeit:

$$P(X=2) = \binom{9}{2} \cdot \left(\frac{1}{6}\right)^2 \cdot \left(\frac{5}{6}\right)^7$$

b)

> Gegeben sei ein n-stufiger BERNOULLI-Versuch mit der Erfolgswahrscheinlichkeit p und Mißerfolgswahrscheinlichkeit q = 1 − p.
>
> Die Wahrscheinlichkeit für k Erfolge ist dann:
>
> $$P(X=k) = \binom{n}{k} p^k q^{n-k} \qquad (k = 0, 1, \ldots, n)$$

Ü 11

Bestimme $P(X=k)$ für

a) n = 5, k = 2, p = 0,4

b) n = 6, k = 5, p = 0,3

c) n = 10, k = 4, p = 0,6

Ü 12

75% der Bevölkerung sind einer bestimmten Meinung. 5 zufällig ausgesuchte Personen werden befragt.

Wie groß ist die Wahrscheinlichkeit, daß in der Stichprobe 0, 1, 2, 3, 4, 5 Personen diese Meinung vertreten?

Ü 13

Die Wahrscheinlichkeit für die Geburt eines Jungen bzw. Mädchens beträgt etwa 0,5.

a) In einem Krankenhaus werden an einem Tag 12 Kinder geboren.
Wie groß ist die Wahrscheinlichkeit, daß es genau 6 Jungen und 6 Mädchen sind?

b) Bestimme die Verteilung der Geschlechter in einer Familie mit 4 Kindern!

c) Mit welcher Wahrscheinlichkeit sind in einer Familie mit 6 Kindern mehr Jungen als Mädchen?

Zusammenhang mit den Binomischen Formeln

Aufgabe 7:

a) Bestimme die Verteilung der Zufallsgröße X für einen 3stufigen BERNOULLI-Versuch mit der Erfolgswahrscheinlichkeit p = 0,4!

b) Welcher Zusammenhang besteht mit dem Term $(0,6 + 0,4)^3$?

c) Welcher Zusammenhang besteht für beliebiges n und beliebiges p?

Lösung:

a)

k	P(X = k)
0	$1 \cdot 0,4^0 \cdot 0,6^3 = 0,216$
1	$3 \cdot 0,4^1 \cdot 0,6^2 = 0,432$
2	$3 \cdot 0,4^2 \cdot 0,6^1 = 0,288$
3	$1 \cdot 0,4^3 \cdot 0,6^0 = 0,064$

b) In der rechten Spalte stehen genau die Terme, die man auch erhält, wenn man den binomischen Term $(0,6 + 0,4)^3$ ausrechnet!
$(0,6 + 0,4)^3 = 1 \cdot 0,6^3 \cdot 0,4^0 + 3 \cdot 0,6^2 \cdot 0,4^1$
$\qquad\qquad\qquad + 3 \cdot 0,6^1 \cdot 0,4^2 + 1 \cdot 0,6^0 \cdot 0,4^3$

c) Die Entwicklung des Terms $(p + q)^n$ als Summe entspricht der Verteilung der Zufallsgröße X:

k	P(X = k)
0	$\binom{n}{0} p^0 q^n$
1	$\binom{n}{1} p^1 q^{n-1}$
2	$\binom{n}{2} p^2 q^{n-2}$
⋮	⋮
n	$\binom{n}{n} p^n q^0$

$(p+q)^n = \binom{n}{0} p^0 q^n + \binom{n}{1} p^1 q^{n-1} + \ldots + \binom{n}{n} p^n q^0$.

Die Verteilungen von BERNOULLI-Versuchen heißen daher **Binomialverteilungen**:

Die zu einem n-stufigen BERNOULLI-Versuch mit der Erfolgswahrscheinlichkeit p gehörige Verteilung heißt *Binomialverteilung mit den Parametern n und p*. Die zugehörige *Zufallsgröße X* heißt *binomialverteilt*.
Die Terme $\binom{n}{k}$ nennt man *Binomialkoeffizienten*.

Ü 14

a) Entwickle den Term $(0,2 + 0,8)^7$!
Wie kann man die Summanden interpretieren?

b) Bestimme die Verteilung der binomialverteilten Zufallsgröße X mit n = 6 und p = 0,5!

c) Bestimme die Verteilung der binomialverteilten Zufallsgröße X mit n = 10 und p = 0,7!

Ü 15

Nach den Angaben der Bundespost kommen nur 65% der Telefongespräche beim ersten Wählen zustande.

Jemand muß 5 Telefongespräche erledigen. Wie groß ist die Wahrscheinlichkeit, daß er

a) jedesmal direkt durchkommt,

b) jedesmal nicht durchkommt,

c) einmal nicht durchkommt?

Ü 16

In einer Reifenhandlung arbeiten 5 Monteure, die eine Maschine zum Lösen und Festziehen der Radmuttern durchschnittlich für 24 Minuten pro Stunde benötigen.

Wie groß ist die Wahrscheinlichkeit, daß zu einem beliebigen Zeitpunkt

a) zwei   b) drei   c) fünf

Maschinen benötigt werden?

Ü 17

In einem Büro arbeiten 5 Personen, die für ihre Tätigkeit eine Schreibmaschine für 15 Minuten pro Stunde benötigen.

Bestimme die Verteilung der Zufallsgröße:

X: Anzahl der zu einem beliebigen Zeitpunkt benötigten Schreibmaschinen.

Histogramme für
n = 8 und p = 0,3   n = 8 und p = 0,5   n = 8 und p = 0,7

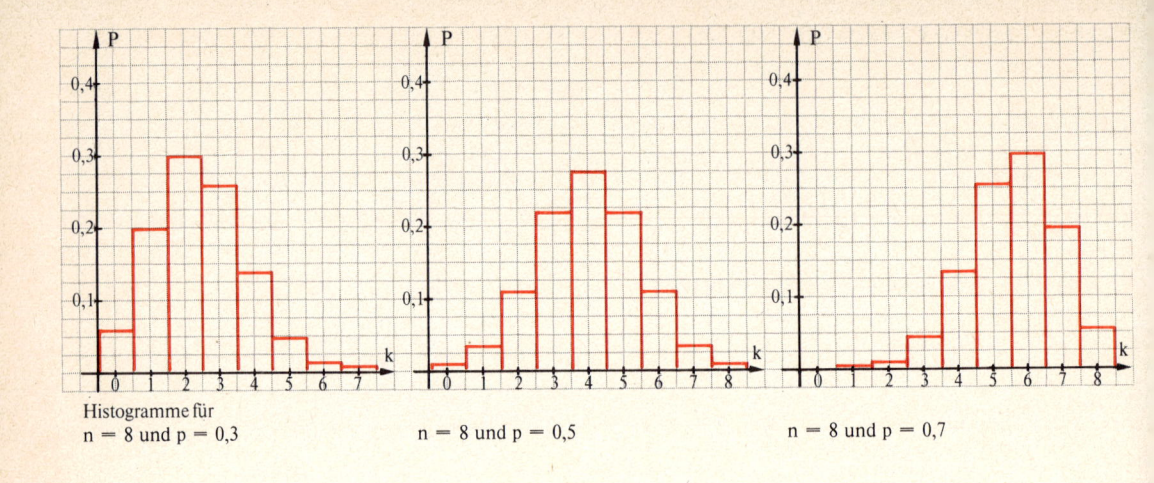

2.2. Eigenschaften von Binomialverteilungen

Mit Hilfe von Histogrammen untersuchen wir Eigenschaften von Binomialverteilungen:
Symmetrie und Spiegelungseigenschaften
Lage und Bedeutung des Maximums
Veränderungen bei großem Stichprobenumfang

Symmetrie und Spiegelungseigenschaften

Aufgabe 1:

Vergleiche die Binomialverteilungen für
n = 8 und p = 0,3, p = 0,5, p = 0,7!
Welche geometrischen Eigenschaften kann man aus den Histogrammen und aus den Verteilungstabellen ablesen?

Lösung:

Anmerkung: Für die Zeichnungen (und spätere Rechnungen) genügt eine Genauigkeit von drei Dezimalstellen.

Binomialverteilung für n = 8 und p = 0,3

k	P(X = k)
0	$1 \cdot 0,3^0 \cdot 0,7^8 = 0,058$
1	$8 \cdot 0,3^1 \cdot 0,7^7 = 0,197$
2	$28 \cdot 0,3^2 \cdot 0,7^6 = 0,297$
3	$56 \cdot 0,3^3 \cdot 0,7^5 = 0,254$
4	$70 \cdot 0,3^4 \cdot 0,7^4 = 0,136$
5	$56 \cdot 0,3^5 \cdot 0,7^3 = 0,047$
6	$28 \cdot 0,3^6 \cdot 0,7^2 = 0,010$
7	$8 \cdot 0,3^7 \cdot 0,7^1 = 0,001$
8	$1 \cdot 0,3^8 \cdot 0,7^0 = 0,000$

Binomialverteilung für n = 8 und p = 0,5

k	P(X = k)
0	$1 \cdot 0,5^8 = 0,004$
1	$8 \cdot 0,5^8 = 0,031$
2	$28 \cdot 0,5^8 = 0,110$
3	$56 \cdot 0,5^8 = 0,218$
4	$70 \cdot 0,5^8 = 0,274$
5	$56 \cdot 0,5^8 = 0,218$
6	$28 \cdot 0,5^8 = 0,110$
7	$8 \cdot 0,5^8 = 0,031$
8	$1 \cdot 0,5^8 = 0,004$

Binomialverteilung für n = 8 und p = 0,7

k	P(X = k)
0	$1 \cdot 0,7^0 \cdot 0,3^8 = 0,000$
1	$8 \cdot 0,7^1 \cdot 0,3^7 = 0,001$
2	$28 \cdot 0,7^2 \cdot 0,3^6 = 0,010$
3	$56 \cdot 0,7^3 \cdot 0,3^5 = 0,047$
4	$70 \cdot 0,7^4 \cdot 0,3^4 = 0,136$
5	$56 \cdot 0,7^5 \cdot 0,3^3 = 0,254$
6	$28 \cdot 0,7^6 \cdot 0,3^2 = 0,297$
7	$8 \cdot 0,7^7 \cdot 0,3^1 = 0,197$
8	$1 \cdot 0,7^8 \cdot 0,3^0 = 0,058$

Für p = 0,5 ist das Histogramm (die Verteilung) symmetrisch bzgl. k = 4.

Die Histogramme für p = 0,3 und p = 0,7 sind unsymmetrisch.

Das Histogramm für p = 0,3 erhält man durch Spiegelung des Histogramms für p = 0,7 an der Parallelen zur P-Achse durch k = 4 (und umgekehrt).

Histogramme für
n = 4 und p = 0,5

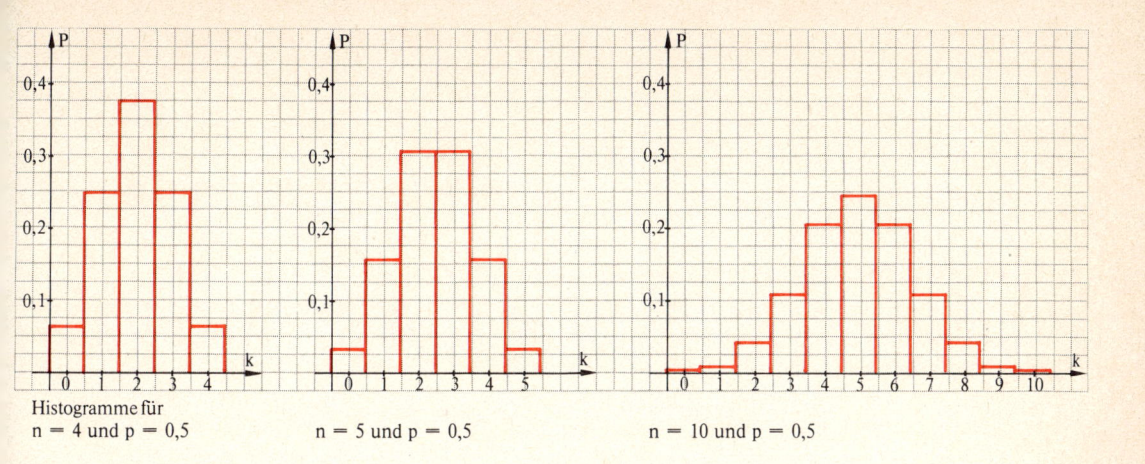

n = 5 und p = 0,5

n = 10 und p = 0,5

Wir untersuchen die Ergebnisse von Aufgabe **1** näher. Dazu betrachten wir Verteilungen und Histogramme für feste Erfolgswahrscheinlichkeiten p und verschiedene Stichprobenumfänge n.

Aufgabe 2:
Vergleiche die Binomialverteilungen für
p = 0,5 und n = 4, n = 5, n = 10!
Welche geometrischen Eigenschaften kann man aus den Histogrammen und aus den Verteilungstabellen ablesen?

Lösung:

k	P(X = k)
0	$1 \cdot 0{,}5^4 = 0{,}063$
1	$4 \cdot 0{,}5^4 = 0{,}250$
2	$6 \cdot 0{,}5^4 = 0{,}375$
3	$4 \cdot 0{,}5^4 = 0{,}250$
4	$1 \cdot 0{,}5^4 = 0{,}063$

Das Histogramm (die Verteilung) für p = 0,5 und n = 4 ist symmetrisch zu k = 2.

k	P(X = k)
0	$1 \cdot 0{,}5^5 = 0{,}031$
1	$5 \cdot 0{,}5^5 = 0{,}156$
2	$10 \cdot 0{,}5^5 = 0{,}313$
3	$10 \cdot 0{,}5^5 = 0{,}313$
4	$5 \cdot 0{,}5^5 = 0{,}156$
5	$1 \cdot 0{,}5^5 = 0{,}031$

Das Histogramm für p = 0,5 und n = 5 ist symmetrisch zu k = 2,5.

k	P(X = k)
0	$1 \cdot 0{,}5^{10} = 0{,}001$
1	$10 \cdot 0{,}5^{10} = 0{,}010$
2	$45 \cdot 0{,}5^{10} = 0{,}044$
3	$120 \cdot 0{,}5^{10} = 0{,}117$
4	$210 \cdot 0{,}5^{10} = 0{,}205$
5	$252 \cdot 0{,}5^{10} = 0{,}246$
6	$210 \cdot 0{,}5^{10} = 0{,}205$
7	$120 \cdot 0{,}5^{10} = 0{,}117$
8	$45 \cdot 0{,}5^{10} = 0{,}044$
9	$10 \cdot 0{,}5^{10} = 0{,}010$
10	$1 \cdot 0{,}5^{10} = 0{,}001$

Das Histogramm für p = 0,5 und n = 10 ist symmetrisch zu k = 5.

Die Histogramme der Binomialverteilungen für p = 0,5 und beliebige n ∈ ℕ sind symmetrisch zur Parallelen zur P-Achse durch $k = \frac{n}{2}$.

Ü 1

a) Warum ist P(X = 5) = P(X = 3),
   P(X = 1) = P(X = 7),
   P(X = 0) = P(X = 8) für
   X: Anzahl der Wappen beim 8fachen Münzwurf?

b) Warum gilt allgemein
   P(X = k) = P(X = n − k)
   für k = 0, 1, 2, ..., n und n ∈ ℕ und
   X: Anzahl der Erfolge beim n-fachen BERNOULLI-Versuch mit der Erfolgswahrscheinlichkeit p = 0,5?

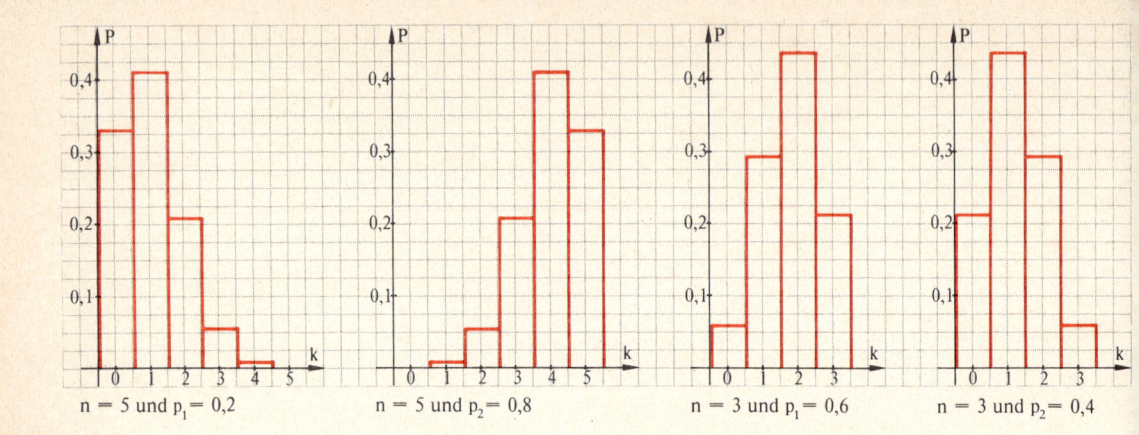

n = 5 und p_1 = 0,2   n = 5 und p_2 = 0,8   n = 3 und p_1 = 0,6   n = 3 und p_2 = 0,4

Aufgabe 3:

Bestimme die Binomialverteilungen und zeichne die Histogramme für

a) n = 5 und p_1 = 0,2 bzw. p_2 = 0,8

b) n = 3 und p_1 = 0,6 bzw. p_2 = 0,4

c) Welche Beziehungen liegen jeweils zwischen den beiden Histogrammen (Verteilungen) vor? Begründe diese Eigenschaft!

Lösung:

a) Verteilungen für n = 5 und p_1 = 0,2 bzw. p_2 = 0,8

k	$P(X_1 = k)$	$P(X_2 = k)$
0	$1 \cdot 0,2^0 \cdot 0,8^5 = 0,328$	$1 \cdot 0,8^0 \cdot 0,2^5 = 0,000$
1	$5 \cdot 0,2^1 \cdot 0,8^4 = 0,410$	$5 \cdot 0,8^1 \cdot 0,2^4 = 0,006$
2	$10 \cdot 0,2^2 \cdot 0,8^3 = 0,205$	$10 \cdot 0,8^2 \cdot 0,2^3 = 0,051$
3	$10 \cdot 0,2^3 \cdot 0,8^2 = 0,051$	$10 \cdot 0,8^3 \cdot 0,2^2 = 0,205$
4	$5 \cdot 0,2^4 \cdot 0,8^1 = 0,006$	$5 \cdot 0,8^4 \cdot 0,2^1 = 0,410$
5	$1 \cdot 0,2^5 \cdot 0,8^0 = 0,000$	$1 \cdot 0,8^5 \cdot 0,2^0 = 0,328$

b) Verteilungen für n = 3 und p_1 = 0,6 bzw. p_2 = 0,4

k	$P(X_1 = k)$	$P(X_2 = k)$
0	$1 \cdot 0,6^0 \cdot 0,4^3 = 0,064$	$1 \cdot 0,4^0 \cdot 0,6^3 = 0,216$
1	$3 \cdot 0,6^1 \cdot 0,4^2 = 0,288$	$3 \cdot 0,4^1 \cdot 0,6^2 = 0,432$
2	$3 \cdot 0,6^2 \cdot 0,4^1 = 0,432$	$3 \cdot 0,4^2 \cdot 0,6^1 = 0,288$
3	$1 \cdot 0,6^3 \cdot 0,4^0 = 0,216$	$1 \cdot 0,4^3 \cdot 0,6^0 = 0,064$

c) Das Histogramm für p_2 erhält man durch Spiegelung des Histogramms für p_1 an der Parallelen zur P-Achse durch k = $\frac{n}{2}$. Die Verteilungen stimmen bis auf die Reihenfolge überein.

k Erfolge (n − k Mißerfolge) bei der einen Verteilung entsprechen n − k Erfolgen bei der anderen Verteilung und umgekehrt.

Man erhält die *Histogramme von Binomialverteilungen* für die *Erfolgswahrscheinlichkeit* $p_2 = 1 − p_1$, indem man die Histogramme für die Erfolgswahrscheinlichkeit p_1 an der Parallelen zur P-Achse durch k = $\frac{n}{2}$ spiegelt.

Ü 2

X_i: Anzahl der Erfolge beim n-stufigen BERNOULLI-Versuch mit der Erfolgswahrscheinlichkeit p_i (i = 1, 2)

a) Warum ist für n = 8
$P(X_1 = 2) = P(X_2 = 6)$ für p_1 = 0,4 und p_2 = 0,6,
$P(X_1 = 0) = P(X_2 = 8)$ für p_1 = 0,9 und p_2 = 0,1,
$P(X_1 = 4) = P(X_2 = 4)$ für p_1 = 0,75 und p_2 = 0,25?

b) Warum gilt allgemein (für beliebiges n ∈ ℕ):

$P(X_1 = k) = P(X_2 = n − k)$

für k = 0, 1, ..., n und $p_1 = 1 − p_2$?

Ü 3

Lies aus der folgenden Tabelle die Wahrscheinlichkeiten ab für

a) 2   b) 5   c) 0

Erfolge bei einem 6stufigen BERNOULLI-Versuch mit der Erfolgswahrscheinlichkeit p = 0,25.

k	P(X = k)	
0	0,000	Verteilung
1	0,004	für n = 6
2	0,033	und p = 0,75
3	0,132	
4	0,297	
5	0,356	
6	0,178	

n = 6 und p = 0,5   n = 5 und p = 0,6   n = 6 und p = 0,7

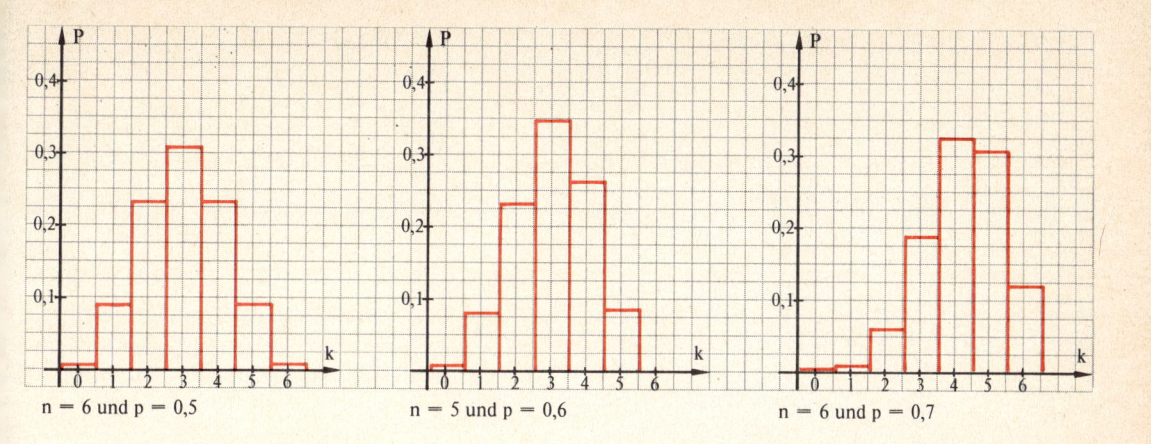

Lage des Maximums

Aufgabe 4:

a) Bestimme die Binomialverteilungen für
 (1) n = 6, p = 0,5,   (2) n = 5, p = 0,6,
 (3) n = 6, p = 0,7,   (4) n = 8, p = 0,2,
 (5) n = 6, p = 0,25, (6) n = 7, p = 0,9!

b) Für welches k ist P(X = k) jeweils maximal? Ist eine Regel zu erkennen?

Lösung:

a) Binomialverteilungen für

n = 6 und p = 0,5   n = 5 und p = 0,6   n = 6 und p = 0,7

k	P(X=k)	k	P(X=k)	k	P(X=k)
0	0,016	0	0,010	0	0,001
1	0,094	1	0,077	1	0,010
2	0,234	2	0,230	2	0,060
3	0,313	3	0,346	3	0,185
4	0,234	4	0,259	4	0,324
5	0,094	5	0,078	5	0,303
6	0,016			6	0,118

n = 8 und p = 0,2   n = 6 und p = 0,25   n = 7 und p = 0,9

k	P(X=k)	k	P(X=k)	k	P(X=k)
0	0,168	0	0,178	0	0,000
1	0,336	1	0,356	1	0,000
2	0,294	2	0,297	2	0,000
3	0,147	3	0,132	3	0,003
4	0,046	4	0,033	4	0,023
5	0,009	5	0,004	5	0,124
6	0,001	6	0,000	6	0,372
7	0,000			7	0,478
8	0,000				

b) In den ersten beiden Fällen ist $k_{max} = n \cdot p$. In den anderen Fällen ist $n \cdot p$ nicht ganzzahlig: hier ist k_{max} einer der Nachbarausgänge von $n \cdot p$.

n	p	k_{max}
6	0,5	3
5	0,6	3
6	0,7	4
8	0,2	1
6	0,25	1
7	0,9	7

n = 8 und p = 0,2   n = 6 und p = 0,25   n = 7 und p = 0,9

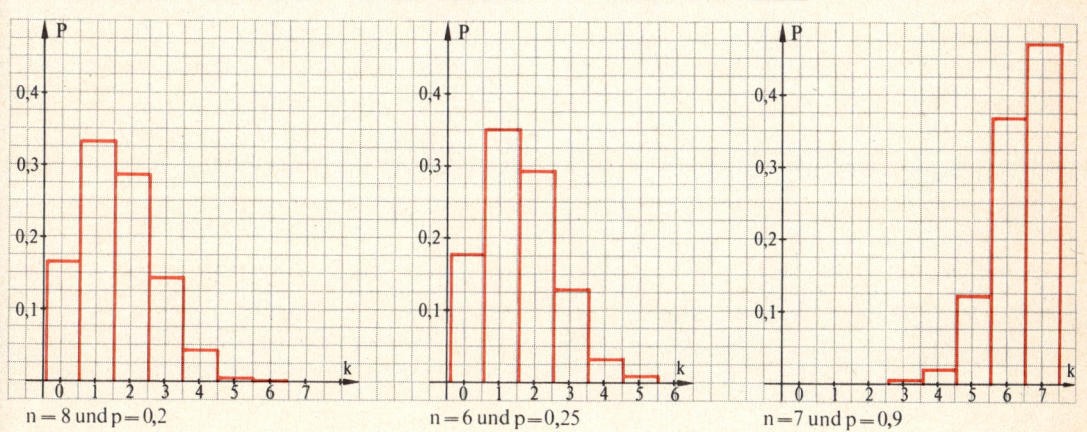

Ü 4

Prüfe, ob bei den folgenden Binomialverteilungen das Maximum in der Nähe von $n \cdot p$ liegt!

Bestimme dazu die Wahrscheinlichkeiten für alle k, die in der Nähe von $n \cdot p$ liegen!

a) $p = 0,1$, $n = 5$ b) $p = 0,2$, $n = 9$
c) $p = 0,3$, $n = 9$ d) $p = 0,4$, $n = 8$
e) $p = 0,5$, $n = 8$ f) $p = 0,6$, $n = 6$

Ü 5

a) Stelle für die Binomialverteilungen auf den Seiten 43 bis 46 jeweils fest, welchem Ausgang die größte Wahrscheinlichkeit zukommt!

b) Welcher Zusammenhang besteht zwischen der Lage der Maxima von n-stufigen BERNOULLI-Versuchen mit der Erfolgswahrscheinlichkeit p_1 und der Erfolgswahrscheinlichkeit $p_2 = 1 - p_1$?

Bei Binomialverteilungen mit der Erfolgswahrscheinlichkeit p und dem Stichprobenumfang n ist der Ausgang mit der größten Wahrscheinlichkeit $k_{max} = n \cdot p$ (oder ein Ausgang benachbart zu $n \cdot p$, falls $n \cdot p$ nicht ganzzahlig).

Ü 6

Die Aussage über die Lage des Maximums einer Binomialverteilung läßt sich präzisieren:
$np - q \le k_{max} \le np + p$

Zeige dazu für $k = 1, \ldots, n$:

a) $\binom{n}{k} = \frac{n-k+1}{k} \cdot \binom{n}{k-1}$

b) $P(X = k) = \frac{n-k+1}{k} \cdot \frac{p}{q} \cdot P(X = k-1)$

c) $P(X = k) > P(X = k-1) \Leftrightarrow k < (n+1)p$
$P(X = k) < P(X = k-1) \Leftrightarrow k > (n+1)p$

Anleitung: Zeige, daß aus b) folgt:

$\frac{P(X=k)}{P(X=k-1)} = 1 + \frac{(n+1)p - k}{kq}$

d) Ist $(n+1)p$ ganzzahlig, dann gilt:
$P(X = (n+1)p) = P(X = (n+1)p - 1)$

Ist $(n+1)p$ nicht ganzzahlig, dann gilt:
$(n+1)p - 1 < k_{max} < (n+1)p$, d.h.
$np - q < k_{max} < np + p$

Bedeutung des Maximums

Das letzte Ergebnis ist plausibel:

Führen wir z.B. einen 5stufigen BERNOULLI-Versuch mit der Erfolgswahrscheinlichkeit $p = 0,4$ häufig durch, dann *erwarten* wir besonders oft 2 Erfolge, weniger oft 1 Erfolg oder 3 Erfolge, usw.

Aufgabe 5:

Vergleiche k_{max} mit dem Erwartungswert der Zufallsgröße X bei einem 5stufigen BERNOULLI-Versuch mit der Erfolgswahrscheinlichkeit $p = 0,4$!

Lösung:

k	P(X = k)	k · P(X = k)
0	0,07776	0
1	0,2592	0,2592
2	0,3456	0,6912
3	0,2304	0,6912
4	0,0768	0,3072
5	0,01024	0,0512
		E(X) = 2

k_{max} und $E(X)$ stimmen überein!

Ü 7

Überprüfe das Ergebnis von Aufgabe 5 für $p = 0,5$ und $n = 4$!

Wir bestimmen den Erwartungswert einer binomialverteilten Zufallsgröße mit der Erfolgswahrscheinlichkeit p beim 1stufigen BERNOULLI-Versuch:

k	P(X = k)	k · P(X = k)
0	q	0
1	p	p
		E(X) = p

Ein n-stufiger BERNOULLI-Versuch ist nach Definition die Abfolge von n voneinander unabhängigen gleichartigen 1stufigen BERNOULLI-Versuchen:

Der Erwartungswert der Zufallsgröße
X: Anzahl der Erfolge beim
    n-stufigen BERNOULLI-Versuch
    mit der Erfolgswahrscheinlichkeit p
ist: $\mu = E(X) = n \cdot p$

2.3. Anwendung der Binomialverteilung

Aufgabe 1:

In einem Büro arbeiten 10 Personen, die für ihre Tätigkeit eine Schreibmaschine für 12 Minuten pro Stunde benötigen.

Mit welcher Wahrscheinlichkeit genügen 2 (3; 5) Schreibmaschinen?

Lösung:

Die Wahrscheinlichkeit, daß eine Person zu einem beliebigen Zeitpunkt eine Schreibmaschine benötigt, beträgt: $p = 0,2$.

Die Wahrscheinlichkeit, daß zu einem beliebigen Zeitpunkt von 10 Personen genau k eine Schreibmaschine benötigen, ist daher:

$$P(X=k) = \binom{10}{k} 0,2^k \, 0,8^{10-k}$$

(X: Anzahl der zu einem beliebigen Zeitpunkt benötigten Schreibmaschinen)

Für die Rechnung benötigen wir die Verteilung der Zufallsgröße X für $k \leq 5$:

k	P(X=k)
0	0,107
1	0,269
2	0,302
3	0,201
4	0,088
5	0,027

Daher ist:

$P(X \leq 2) = 0,107 + 0,269 + 0,302 = 0,678$

$P(X \leq 3) = P(X \leq 2) + P(X=3) = 0,678 + 0,201 = 0,879$

$P(X \leq 5) = P(X \leq 3) + P(X=4) + P(X=5) = 0,994$

Ü 1

In einer Reifenhandlung arbeiten 10 Monteure, die eine Maschine zum Lösen und Festziehen der Radmuttern durchschnittlich für 24 Minuten pro Stunde benötigen.

a) Mit welcher Wahrscheinlichkeit genügen 4 (5; 6) Maschinen?

b) Wie viele Maschinen müssen zur Verfügung stehen, damit diese mit einer Wahrscheinlichkeit von mindestens 95% ausreichen?

Ü 2

Eine Firma hat 3 Telefonleitungen, die von 10 Sachbearbeitern genutzt werden. Jeder von ihnen benötigt eine Leitung durchschnittlich für 12 Minuten pro Stunde.

a) Wie groß ist die Wahrscheinlichkeit, daß die 3 Leitungen ausreichen?

b) Wie verändert sich die Wahrscheinlichkeit, wenn eine weitere Leitung eingerichtet wird?

c) Wie viele Leitungen müssen zur Verfügung stehen, damit diese mit einer Wahrscheinlichkeit von 99% ausreichen?

Während man Verteilungen für $n \leq 10$ noch ohne großen Aufwand aufstellen kann, ist dies für größeres n nur umständlich zu leisten.

Hierfür benutzt man Tabellen.

Ähnlich wie in Aufgabe 1 (und Ü 1 und Ü 2) ist es in praktischen Beispielen oft bequemer, wenn die einzelnen Wahrscheinlichkeiten bereits kumuliert (angehäuft) sind.

Beispiel:

Aus der Verteilung in Aufgabe 1 wird durch Kumulieren:

k	P(X=k)	P(X≤k)
0	0,107	0,107
1	0,269	0,376
2	0,302	0,678
3	0,201	0,879
4	0,088	0,967
5	0,027	0,994
		usw.

Die rechte Spalte der Tabelle findet man im Tafelwerk im Anhang (S. 108/109) unter $n = 10$ und $p = 0,2$.

Im Anhang sind Tabellen für kumulierte Wahrscheinlichkeiten von Binomialverteilungen mit

$n = 10, 20, 50, 100$

und für Erfolgswahrscheinlichkeiten

$p = 0,1; 0,2; 0,25; 0,3; 0,4; 0,5$

abgedruckt. Die Werte sind auf drei Stellen gerundet.

Ü 3

Bilde die Verteilung der kumulierten Wahrscheinlichkeiten für Binomialverteilungen mit:

a) $p = 0{,}5, n = 5$ (vgl. Aufg. 2/S. 45)
b) $p = 0{,}3, n = 8$ (vgl. Aufg. 1/S. 44)
c) $p = 0{,}6, n = 5$ (vgl. Aufg. 4/S. 47)
d) $p = 0{,}2, n = 8$ (vgl. Aufg. 4/S. 47)
e) $p = 0{,}2, n = 5$ (vgl. Aufg. 3/S. 46)

Ü 4

Von den 100 Beschäftigten eines Betriebs kommen durchschnittlich 40% (50%) mit einem eigenen Auto zur Arbeit.

a) Mit welcher Wahrscheinlichkeit genügt ein Parkplatz mit 50 (55) Plätzen?
b) Wie viele Plätze müssen zur Verfügung stehen, damit diese mit einer Wahrscheinlichkeit von mindestens 90% ausreichen?

Ü 5

Die 20 Teilnehmer einer Mathematikklausur benötigen einen Taschenrechner für durchschnittlich 20 von 100 Minuten. Wie viele Taschenrechner müssen zur Verfügung gestellt werden, wenn jemand in höchstens 4% der Fälle warten soll?

Ü 6

Löse Aufgabe 1 für ein Büro mit 20 Personen und

a) 4   b) 6   c) 10

vorhandenen Schreibmaschinen.

In welchem der Fälle reichen diese mit einer Wahrscheinlichkeit von mindestens 90% aus?

Aufgabe 2:

Aus Kreuzungsversuchen mit Pflanzen gehen zwei Arten mit den Wahrscheinlichkeiten 75% bzw. 25% hervor. Mit welcher Wahrscheinlichkeit sind unter den 20 Nachkommen genau 15 Pflanzen der *ersten* Art?

Lösung:

Im Anhang stehen nur Tabellen für $p \leq 0{,}5$. Statt

X_1: Anzahl der Nachkommen der ersten Art

betrachten wir die Zufallsgröße

X_2: Anzahl der Nachkommen der zweiten Art

$P(X_1 = 15) = P(X_2 = 5)$
$\qquad\qquad\quad = P(X_2 \leq 5) - P(X_2 \leq 4)$
$\qquad\qquad\quad = 0{,}617 - 0{,}415 = 0{,}202$

$P(X = k) = P(X \leq k) - P(X \leq k - 1)$
für $k = 1, 2, \ldots, n$

Für Erfolgswahrscheinlichkeiten $p > 0{,}5$ betrachten wir statt der Anzahl der Erfolge die Anzahl der Mißerfolge (mit der Erfolgswahrscheinlichkeit $p_2 = 1 - p_1$).

Bestimme in den folgenden Übungen Wahrscheinlichkeiten mit Hilfe der Tabellen!

Ü 7

a) $n = 10, \ p = 0{,}1: \ P(X = 3)$
b) $n = 20, \ p = 0{,}2: \ P(X = 7)$
c) $n = 50, \ p = 0{,}25: \ P(X = 10)$
d) $n = 100, \ p = 0{,}3: \ P(X = 28)$

Ü 8

a) $n = 10, \ p = 0{,}75: \ P(X = 7)$ =0,776 − 0,526 = 0,
b) $n = 20, \ p = 0{,}8: \ P(X = 14)$ =0,913 − 0,804 =
c) $n = 50, \ p = 0{,}9: \ P(X = 40)$ =
d) $n = 100, \ p = 0{,}6: \ P(X = 55)$

Ü 9

a) $n = 10, \ p = 0{,}4: \ P(X \geq 7)$
b) $n = 20, \ p = 0{,}9: \ P(X < 18)$
c) $n = 50, \ p = 0{,}7: \ P(X \leq 41)$
d) $n = 100, \ p = 0{,}2: \ P(X > 30)$

Ü 10

Ein Blumenhändler gibt für seine Blumenzwiebeln eine 90%-Keimgarantie. Jemand kauft eine Packung mit 10 (20, 50) Zwiebeln.

Mit welcher Wahrscheinlichkeit keimen

a) alle Zwiebeln,

b) genau 90% der gekauften Zwiebeln,

c) mehr als 90% der gekauften Zwiebeln?

Ü 11

Bei Meinungsbefragungen werden erfahrungsgemäß nur ca. 80% der ausgesuchten Personen angetroffen. Mit welcher Wahrscheinlichkeit werden von

a) 50 ausgesuchten Personen mehr als 35 angetroffen,

b) 100 ausgesuchten Personen weniger als 75 angetroffen?

Ü 12

In der Kantine einer Firma nehmen erfahrungsgemäß durchschnittlich 60 der 100 Angestellten ihr Mittagessen ein.

Mit welcher Wahrscheinlichkeit werden

a) mehr als 60   b) weniger als 60

c) weniger als 70   d) mindestens 70

e) genau 70 Personen in der Kantine essen?

Aufgabe 3:

Mit welcher Wahrscheinlichkeit wird man bei 100fachem Münzwurf

a) mindestens 38 und höchstens 56

b) mindestens a und höchstens b

Wappen haben?

Lösung:

a) $P(X \leq 56) = 0{,}903$
   $P(X < 38) = P(X \leq 37) = 0{,}006$.

Daher ist:

$P(38 \leq X \leq 56) = 0{,}903 - 0{,}006 = 0{,}897$

b) Entsprechend ist

$P(a \leq X \leq b) = P(X \leq b) - P(X \leq a-1)$

(Dies gilt auch für andere p, n und $0 < a \leq n$, $0 \leq b \leq n$.)

Ü 13

Bestimme folgende Wahrscheinlichkeiten:

a) n = 10, p = 0,3: $P(4 \leq X \leq 7)$

b) n = 20, p = 0,25: $P(3 \leq X \leq 6)$

c) n = 50, p = 0,4: $P(19 \leq X \leq 24)$

d) n = 100, p = 0,1: $P(10 \leq X \leq 18)$

Ü 14

Bestimme folgende Wahrscheinlichkeiten!
Beachte: Es ist $p_1 > 0{,}5$!
Beispiel: $P(4 \leq X_1 \leq 8) = P(2 \leq X_2 \leq 6)$
für n = 10 und $p_1 = 0{,}7$, $p_2 = 0{,}3$

a) n = 10, p = 0,75: $P(3 \leq X \leq 8)$

b) n = 20, p = 0,9: $P(15 \leq X \leq 20)$

c) n = 50, p = 0,6: $P(30 \leq X \leq 40)$

d) n = 100, p = 0,8: $P(70 \leq X \leq 78)$

Ü 15

In 90% der Haushalte der Bundesrepublik ist ein Kühlschrank vorhanden. Eine Befragung wird in 100 zufällig ausgesuchten Haushalten durchgeführt. Wie groß ist die Wahrscheinlichkeit, daß man

a) in genau 90,

b) in mindestens 90,

c) in mehr als 90

Haushalten einen Kühlschrank vorfindet?

Ü 16

Eine Münze wird 100mal geworfen.

Mit welcher Wahrscheinlichkeit hat man

a) mindestens 45 und höchstens 55mal,

b) mindestens 40 und höchstens 60mal,

c) weniger als 55mal   Wappen?

Ü 17

Ein Multiple-Choice-Test besteht aus 50 Items (Aufgaben), bei denen jeweils nur eine von fünf Antworten richtig ist. Mit welcher Wahrscheinlichkeit kann man durch bloßes Raten

a) mehr als 20,

b) mindestens 10 und höchstens 20,

c) weniger als 10   Items richtig beantworten?

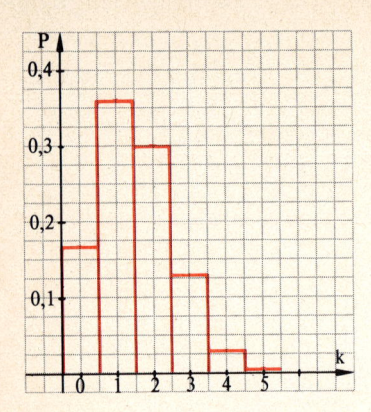

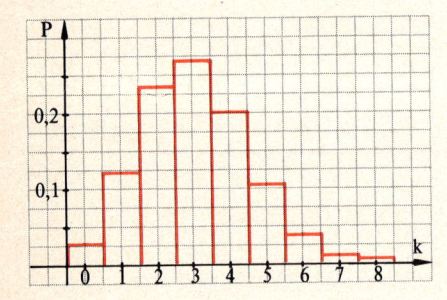

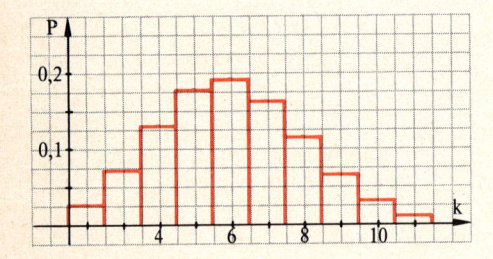

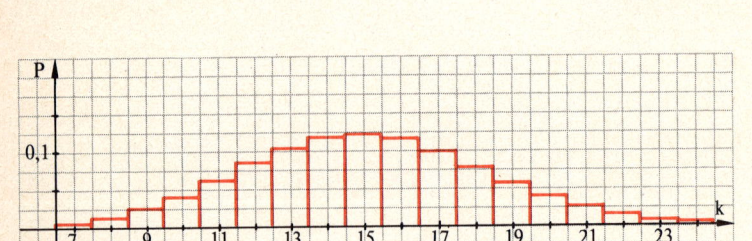

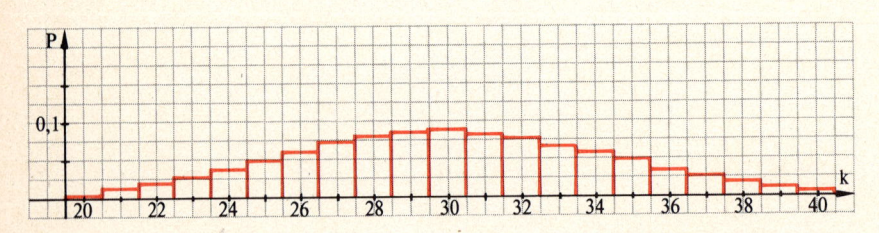

2.4. Binomialverteilungen bei großem Stichprobenumfang

Aufgabe 1:

a) Zeichne die Histogramme der Binomialverteilungen für p = 0,3 und n = 5, 10, 20, 50, 100!

b) Wie verändern sich die Histogramme mit zunehmendem Stichprobenumfang n?

Lösung:

a) Histogramme siehe links.

b) Mit zunehmenden Stichprobenumfang werden die Histogramme immer symmetrischer.

Mit dem Stichprobenumfang wächst auch die Anzahl der Werte, die die Zufallsgröße annehmen kann:
Die Histogramme werden immer flacher und breiter.

Histogramme
für   p = 0,3
und
n = 5
n = 10
n = 20
n = 50
n = 100

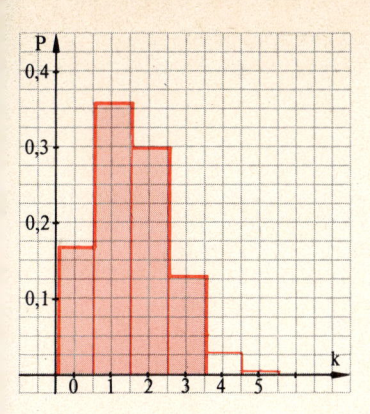

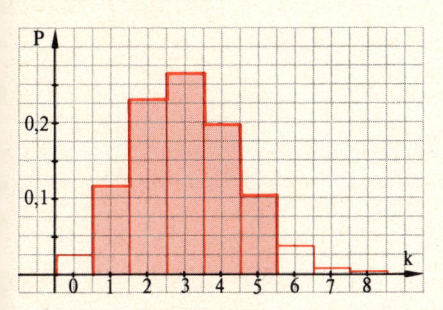

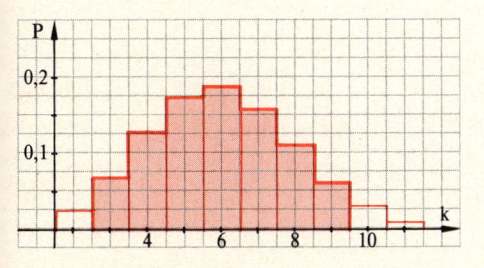

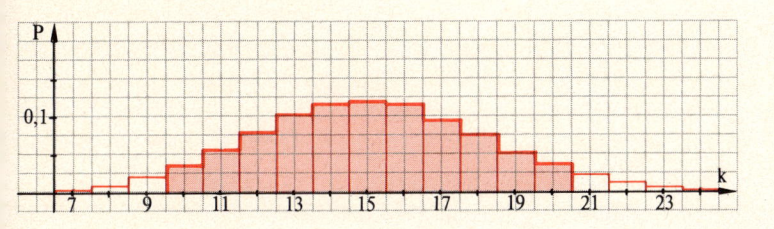

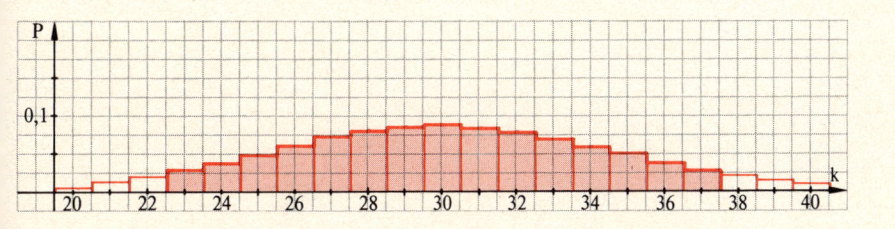

Aufgabe 2:

a) Wie viele Nachbarwerte von $\mu = n \cdot p$ muß man (nach unten und nach oben) hinzunehmen, damit ungefähr 90% aller Ausgänge erfaßt sind (für $p = 0{,}3$ und $n = 5, 10, 20, 50, 100$)?

b) Ändert sich der Radius der Umgebungen entsprechend dem Stichprobenumfang?

Lösung:

a)

n	Umgebung	Radius
5	$P(\ 0 \leq X \leq\ 3) = 0{,}969$	1,5
10	$P(\ 1 \leq X \leq\ 5) = 0{,}925$	2
20	$P(\ 3 \leq X \leq\ 9) = 0{,}917$	3
50	$P(10 \leq X \leq 20) = 0{,}912$	5
100	$P(23 \leq X \leq 37) = 0{,}899$	7

b) Mit zunehmendem Stichprobenumfang benötigt man – relativ gesehen – immer weniger Nachbarwerte von μ, um 90% der Ausgänge zu erfassen.

90%-Umgebungen um $\mu = n \cdot p$
für $p = 0{,}3$

und

$n = 5$

$n = 10$

$n = 20$

$n = 50$

$n = 100$

Ü 1

Überprüfe die Beobachtungen von Aufgabe **1** für n = 5, 10, 20, 50, 100 und

a) p = 0,1 b) p = 0,75 c) p = 0,4!

Ü 2

Überprüfe die *Symmetrie* von Binomialverteilungen mit großem Stichprobenumfang. Bestimme hierzu die Wahrscheinlichkeiten für Ausgänge in links- und rechtsseitigen Umgebungen um μ:

a) für n = 100 und p = 0,1; 0,2; 0,3; 0,4
   Radius der Umgebung: 5

b) für p = 0,3 und n = 10, 20, 50, 100
   Radius der Umgebung: 3

Hinweis: Für n = 100 und p = 0,1 umfaßt die *linksseitige* Umgebung von μ = 10 vom Radius 5 die Ausgänge k = 5, 6, 7, 8, 9, die *rechtsseitige* Umgebung die Ausgänge 11, 12, 13, 14, 15.

Ü 3

Bestimme wie in Aufgabe **2** den Radius der Umgebungen um $\mu = n \cdot p$, die

a) ca. 70%   b) ca. 80%   c) ca. 95%
d) ca. 98%   e) ca. 99%

der Ausgänge umfassen, für p = 0,3 und für n = 10, 20, 50, 100!

Ü 4

Bestimme wie in Aufgabe **2** den Radius der Umgebungen von $\mu = n \cdot p$, die für

a) p = 0,1 b) p = 0,5 c) p = 0,25

ca. 90% der Ausgänge umfassen, für n = 10, 20, 50, 100!

Ü 5

Untersuche für p = 0,3: Wieviel Prozent der Ausgänge liegen in der Umgebung um μ, wenn man den Radius der Umgebung proportional zum Stichprobenumfang ändert?

a) Für n = 10 betrage der Radius 1 (d.h. für n = 20 beträgt der Radius 2, für n = 50 dann 5, für n = 100 schließlich 10)

b) Für n = 10 betrage der Radius 2.

c) Für n = 10 betrage der Radius 3.

Ü 6

Bestimme wie in Ü **5** die Wahrscheinlichkeiten für Ausgänge in Umgebungen von $\mu = n \cdot p$:

a) p = 0,1 b) p = 0,8 c) p = 0,5

Der Radius der Umgebungen werde proportional zum Stichprobenumfang (n = 10, 20, 50, 100) verändert. (Der Radius für n = 10 ist 1.)

Zusammenfassung:

Bei Binomialverteilungen konzentrieren sich mit zunehmendem Stichprobenumfang die Ausgänge um $\mu = n \cdot p$.

Streuung um den Erwartungswert

Wir haben die Radien der Umgebungen um μ bestimmt, die ca. 90% der Ausgänge enthalten. Mit Hilfe dieser Radien können wir die *Streuung* der Ausgänge um den Erwartungswert *messen*.

Die Radien der Umgebungen um μ mußten allerdings erst mit Hilfe der Tabellen berechnet werden. Sie ließen sich *nicht direkt* bestimmen.

Wir suchen daher ein anderes Maß für die Streuung:

Will man bei einer beliebigen Verteilung die Streuung um den Erwartungswert messen, muß man
- die Abweichung eines Ausgangs vom Erwartungswert
- die Wahrscheinlichkeit für diesen Ausgang

berücksichtigen.

Man wählt statt der Abweichung (Betrag der Differenz) vom Erwartungswert das Quadrat der Differenz zur Beschreibung der Streuung:

Kann eine Zufallsgröße X die Werte $a_1, a_2, \ldots, a_m$ annehmen und bezeichnet μ den Erwartungswert dieser Zufallsgröße, dann heißt

$$V(X) = \sum_{i=1}^{m} (a_i - \mu)^2 \cdot P(X = a_i)$$

Varianz der Zufallsgröße X

Im Fall einer binomialverteilten Zufallsgröße
X: Anzahl der Erfolge beim
   n-stufigen BERNOULLI-Versuch

ist dies:

$$V(X) = \sum_{k=0}^{n} (k - \mu)^2 \cdot P(X = k)$$

Beispiel: *Berechnung der Varianz einer binomialverteilten Zufallsgröße*

X: Anzahl der Würfe mit Augenzahl 6 beim 3fachen Würfeln

Der Erwartungswert der Zufallsgröße ist:
$E(X) = \mu = 3 \cdot \frac{1}{6} = \frac{1}{2}$

k	P(X = k)	$(k-\mu)^2 \cdot P(X=k)$
0	$1 \cdot (\frac{1}{6})^0 \cdot (\frac{5}{6})^3$	$\frac{1}{4} \cdot \frac{125}{216} = \frac{125}{864}$
1	$3 \cdot (\frac{1}{6})^1 \cdot (\frac{5}{6})^2$	$\frac{1}{4} \cdot \frac{75}{216} = \frac{75}{864}$
2	$3 \cdot (\frac{1}{6})^2 \cdot (\frac{5}{6})^1$	$\frac{9}{4} \cdot \frac{15}{216} = \frac{135}{864}$
3	$1 \cdot (\frac{1}{6})^3 \cdot (\frac{5}{6})^0$	$\frac{25}{4} \cdot \frac{1}{216} = \frac{25}{864}$
		$V(X) = \frac{360}{864} = \frac{5}{12}$

Die Berechnung ist mühsam. Wir prüfen, ob sich die Varianz von binomialverteilten Zufallsgrößen nicht einfacher bestimmen läßt (wie bei der Berechnung des Erwartungswertes von binomialverteilten Zufallsgrößen, vgl. S. 48):

Wir betrachten zunächst einen 1stufigen BERNOULLI-Versuch mit der Zufallsgröße

X: Anzahl der Erfolge beim 1stufigen BERNOULLI-Versuch mit der Erfolgswahrscheinlichkeit p mit $\mu = 1 \cdot p = p$.

k	P(X = k)	$(k-\mu)^2 \cdot P(X=k)$
0	q	$(0-p)^2 \cdot q = p^2 q$
1	p	$(1-p)^2 \cdot p = q^2 p$
		$V(X) = p^2 q + q^2 p$

Wir formen um:
$V(X) = p^2 q + q^2 p = pq(p+q) = pq \cdot 1 = pq$

Für den n-stufigen BERNOULLI-Versuch ergibt sich dann – da die Voraussetzungen für alle Stufen gleich sind:

> Die Varianz der Zufallsgröße
> X: Anzahl der Erfolge beim
>   n-stufigen BERNOULLI-Versuch
>   mit Erfolgswahrscheinlichkeit p
> ist: $V(X) = np(1-p) = npq$

Im vorangehenden Beispiel rechnen wir dann:
$V(X) = 3 \cdot \frac{1}{6} \cdot \frac{5}{6} = \frac{5}{12}$.

Wir haben die Varianz damit als *mittlere quadratische Abweichung* vom Erwartungswert definiert. Betrachtet man jedoch z.B. eine Zufallsgröße, die einer zufällig ausgesuchten Person ihre Körpergröße in Meter zuordnet, dann wäre die Varianz in Quadratmeter gemessen. Damit wir auch hier in Meter rechnen können, betrachten wir die Quadratwurzel aus der Varianz.

> Die Quadratwurzel aus der Varianz einer Zufallsgröße heißt **Standardabweichung** der Zufallsgröße (lies: *sigma*)
> $\sigma = \sqrt{V(X)}$

> Die Standardabweichung der Zufallsgröße
> X: Anzahl der Erfolge beim
>   n-stufigen BERNOULLI-Versuch
>   mit Erfolgswahrscheinlichkeit p
> ist: $\sigma = \sqrt{n \cdot p \cdot (1-p)} = \sqrt{n \cdot p \cdot q}$

Ü 7

a) Bestimme die Standardabweichung für BERNOULLI-Versuche mit $p = 0{,}3$ und $n = 10, 20, 50, 100$! Vergleiche die Werte mit den Radien der 90%-Umgebungen in Aufgabe **2**a)!

b) Bestimme die Standardabweichungen für die BERNOULLI-Versuche in **Ü 3** d), e) (**Ü 4** b) und vergleiche die Werte mit den dort erhaltenen Radien!

Ü 8

Bestimme die Standardabweichung für $n = 100$ und $p = 0{,}05; 0{,}1; 0{,}2; 0{,}3; 0{,}4; 0{,}5; 0{,}6; 0{,}7; 0{,}8; 0{,}9$ und $0{,}95$!
Trage die Werte in ein Koordinatensystem ein! (horizontale Achse: p, vertikale Achse: σ)

2.5. σ-Umgebungen

Wir untersuchen, welche Bedeutung das *Streuungsmaß* σ für binomialverteilte Zufallsgrößen hat.

Während wir bisher Umgebungen um den Erwartungswert bestimmt haben, in denen z.B. 90% aller Ausgänge lagen, berechnen wir nun den Prozentsatz der Ausgänge, die in der 1σ-, 2σ- oder 3σ-Umgebung um den Erwartungswert liegen.

Aufgabe 1:

a) Berechne für p = 0,5 und n = 10, 20, 50, 100:
Welche Ausgänge der Zufallsgröße
X = Anzahl der Erfolge
liegen in der 1σ-, 2σ- bzw. 3σ-Umgebung um den Erwartungswert μ?

Hinweis:

1σ-Umgebung um μ : $\{k \mid \mu - 1\sigma \leq k \leq \mu + 1\sigma\}$
$= \{k \mid |k - \mu| \leq 1\sigma\}$,

2σ-Umgebung um μ : $\{k \mid \mu - 2\sigma \leq k \leq \mu + 2\sigma\}$
$= \{k \mid |k - \mu| \leq 2\sigma\}$,

3σ-Umgebung um μ : $\{k \mid \mu - 3\sigma \leq k \leq \mu + 3\sigma\}$
$= \{k \mid |k - \mu| \leq 3\sigma\}$.

b) Mit welcher Wahrscheinlichkeit liegen Ausgänge in den in a) bestimmten Umgebungen?

Lösung: a)

n	μ	σ	1σ-Umgeb.	2σ-Umgeb.	3σ-Umgeb.
10	5	1,58	4, ..., 6	2, ..., 8	1, ..., 9
20	10	2,24	8, ..., 12	6, ..., 14	4, ..., 16
50	25	3,54	22, ..., 28	18, ..., 32	15, ..., 35
100	50	5	45, ..., 55	40, ..., 60	35, ..., 65

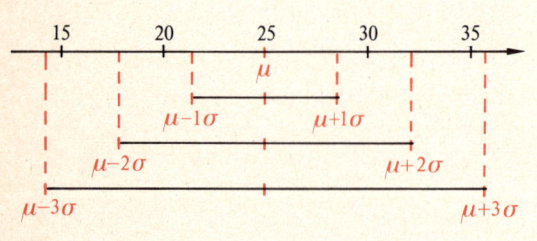

σ-Umgebungen um μ für n = 50 und p = 0,5

b)

n	$P(|X-\mu| \leq 1\sigma)$	$P(|X-\mu| \leq 2\sigma)$	$P(|X-\mu| \leq 3\sigma)$
10	0,656	0,978	0,998
20	0,736	0,958	0,998
50	0,678	0,968	0,998
100	0,728	0,964	0,998

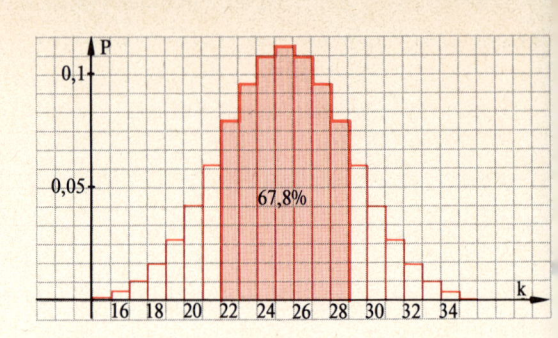

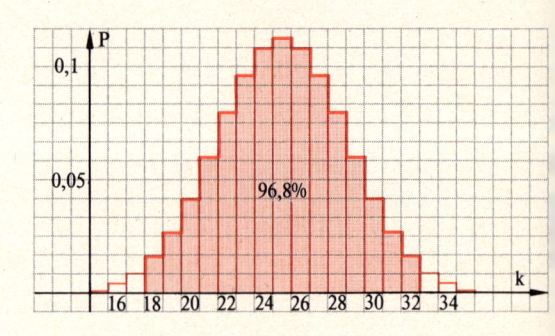

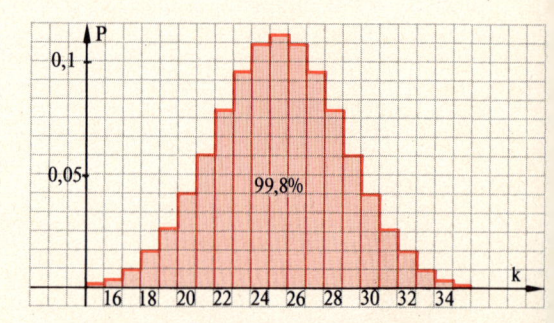

Wahrscheinlichkeiten für Ausgänge in den σ-Umgebungen um μ für n = 50 und p = 0,5

Trotz der Unterschiede im Stichprobenumfang sind die Wahrscheinlichkeiten für die σ-Umgebungen ungefähr gleich:

$P(|X - \mu| \leq 1\sigma) \approx 0{,}68$

$P(|X - \mu| \leq 2\sigma) \approx 0{,}96$

$P(|X - \mu| \leq 3\sigma) \approx 0{,}998$

Ü 1

Welche Werte erhält man für die σ-Umgebungen in Aufgabe **1** für p = 0,3?

Aufgabe 2:

a) Berechne für n = 100 und p = 0,1; 0,2; 0,25; 0,3; 0,4: Welche Ausgänge der Zufallsgröße
  X: Anzahl der Erfolge
  liegen in der 1σ-, 2σ- bzw. 3σ-Umgebung um den Erwartungswert μ?

b) Mit welcher Wahrscheinlichkeit liegen Ausgänge in den in a) bestimmten Umgebungen?

c) Welche Werte ergeben sich ungefähr in allen Fällen?
  (Überlege, welche Werte in b) etwas zu groß sind, weil Ausgänge gerade noch in eine Umgebung hineinfallen, bzw. welche Werte etwas zu klein sind, weil Ausgänge nur wenig mehr als 1σ, 2σ oder 3σ von μ entfernt liegen!)

Lösung:

a)

p	μ	σ	1σ-Umgeb.	2σ-Umgeb.	3σ-Umgeb.
0,1	10	3	7, …, 13	4, …, 16	1, …, 19
0,2	20	4	16, …, 24	12, …, 28	8, …, 32
0,25	25	4,33	21, …, 29	17, …, 33	13, …, 37
0,3	30	4,58	26, …, 34	21, …, 39	17, …, 43
0,4	40	4,90	36, …, 44	31, …, 49	26, …, 54

b)

p	$P(|X-\mu|\leq 1\sigma)$	$P(|X-\mu|\leq 2\sigma)$	$P(|X-\mu|\leq 3\sigma)$
0,1	0,759	0,972	0,998
0,2	0,740	0,967	0,998
0,25	0,702	0,951	0,996
0,3	0,674	0,963	0,997
0,4	0,642	0,948	0,998

c) In den ganzzahligen Fällen von σ treten die Randwerte der Umgebungen noch als Ausgänge des Zufallsversuchs auf. Im Fall p = 0,4 gibt es Ausgänge, die gerade noch außerhalb der Umgebungen liegen; dies gilt auch für die 3σ-Umgebung von p = 0,25.

Trotz der Unterschiede in der Wahl der Erfolgswahrscheinlichkeit sind die Wahrscheinlichkeiten ungefähr gleich:

$P(|X-\mu|\leq 1\sigma) \approx 0,68$

$P(|X-\mu|\leq 2\sigma) \approx 0,955$

$P(|X-\mu|\leq 3\sigma) \approx 0,997$

Ü 2
Welche Werte erhält man in Aufgabe 2 für die σ-Umgebungen für p = 0,6; 0,7; 0,75; 0,8; 0,9?

Ü 3
Überlege wie in Aufgabe 2 c), welche Wahrscheinlichkeiten von σ-Umgebungen in Aufgabe 1 etwas zu groß sind!

Ü 4
Bestimme die Wahrscheinlichkeiten für die σ-Umgebungen von μ für n = 50 und p = 0,1; 0,2; 0,25; 0,3; 0,4!

Aus Aufgabe 1 und 2 schließen wir:
Die Wahrscheinlichkeiten für Ausgänge innerhalb der σ-Umgebungen sind (nahezu) unabhängig von Stichprobenumfang und Erfolgswahrscheinlichkeit.

Zusammenfassung:

Für n-stufige BERNOULLI-Versuche gilt:

Die Wahrscheinlichkeit, daß die Anzahl der Erfolge

in der 1σ-Umgebung um den Erwartungswert μ liegt, beträgt ca. 68%,

in der 2σ-Umgebung um den Erwartungswert μ liegt, beträgt ca. 95,5%,

in der 3σ-Umgebung um den Erwartungswert μ liegt, beträgt ca. 99,7%.

Dies gilt insbesondere, falls $n \cdot p \cdot q > 9$
(LAPLACE-Bedingung).

Ü 5
Mit welcher Wahrscheinlichkeit liegen Ausgänge eines 100stufigen BERNOULLI-Versuches in der

a) 1,6σ- b) 2,3σ- c) 2,6σ-

Umgebung von μ?
(p = 0,1; 0,2; 0,25; 0,3; 0,4; 0,5)

Ü 6
Bei welchem Stichprobenumfang ist die LAPLACE-Bedingung erfüllt?

Gib dies an für:

a) p = 0,05 b) p = 0,1 c) p = 0,25 d) p = 0,4

e) p = 0,49 f) p = 0,5 g) p = 0,7 h) p = 0,8

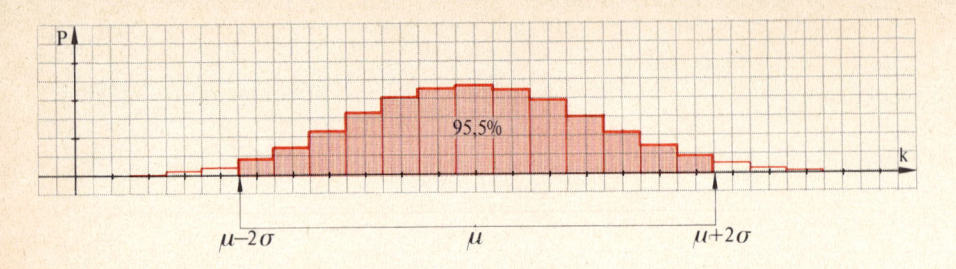

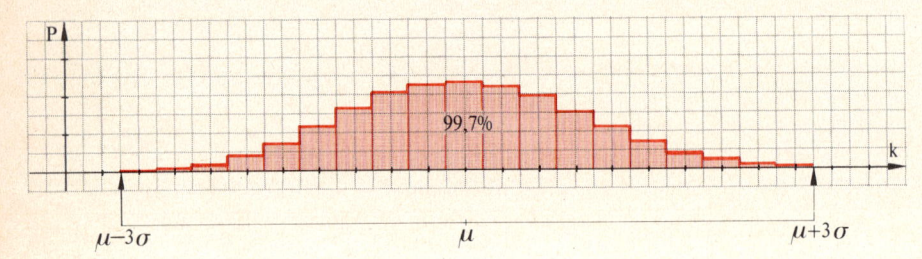

2.6. Schluß von der Gesamtheit auf die Stichprobe

In der Einleitung von Kapitel **2** haben wir gesehen, daß man sehr viele Zufallsversuche als BERNOULLI-Versuche interpretieren kann. Mit dem Satz über die Wahrscheinlichkeiten von 2σ- und 3σ-Umgebungen ist uns die Möglichkeit gegeben, Aussagen über fast alle (95,5% bzw. 99,7% der) Ausgänge der zugehörigen Zufallsgrößen zu machen.

Diesen Aufgabentyp bezeichnet man als:

Schluß von der Gesamtheit auf die Stichprobe.

Solchen Aufgaben liegt immer die Frage zugrunde:

Mit welchem Ausgang der Stichprobe (mit welcher Anzahl von Erfolgen) können wir rechnen?

Die Antwort geben wir den **Sicherheitswahrscheinlichkeiten** von 95,5% bzw. 99,7%.

Aufgabe 1:

In einer Untersuchung soll festgestellt werden, ob Personen, die sich an Wahlen nicht beteiligt haben, dies auch zugeben.

Die Wahlbeteiligung bei der letzten Wahl betrug 86%. Es wird eine Stichprobe vom Umfang 1250 durchgeführt.

Mit welchem Ausgang der Stichprobe können wir rechnen?

Lösung:

Wenn die Wahlbeteiligung 86% war, treffen wir einen Wähler mit der Erfolgswahrscheinlichkeit $p = 0{,}86$ an.

Für den Stichprobenumfang $n = 1250$ ergibt sich:

$\mu = n \cdot p = 1075$ und
$\sigma = \sqrt{n \cdot p \cdot q} = 12{,}27$

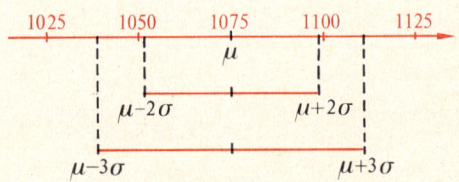

Die 2σ-Umgebung umfaßt die Ausgänge:

1051, 1052, ..., 1075, ..., 1098, 1099.

Die 3σ-Umgebung umfaßt die Ausgänge:

1039, 1040, ..., 1075, ..., 1110, 1111.

Mit einer Wahrscheinlichkeit von ca. 95,5% wird man mindestens 1051, höchstens 1099 Wähler befragen.
Mit einer Wahrscheinlichkeit von ca. 99,7% wird man mindestens 1039, höchstens 1111 Wähler befragen.

Aufgabe 2:

Mit welchem Versuchsausgang kann man beim 340-fachen Münzwurf rechnen?

Lösung:

$n = 340$, $p = 0{,}5$, $\mu = 170$, $\sigma = 9{,}22$
Demnach hat man in der Stichprobe
mit der Sicherheitswahrscheinlichkeit von 95,5%
mindestens 152, höchstens 188 Wappen (Zahl),
mit der Sicherheitswahrscheinlichkeit von 99,7%
mindestens 143, höchstens 197 Wappen (Zahl).

Ü 1

Wie oft wird man beim

a) 180fachen   b) 234fachen
c) 3000fachen d) 1932fachen

Würfeln die Augenzahl 6 erhalten?

Ü 2

1977 gab es in

a) 61,8% der 4-Personen-Arbeitnehmer-Haushalte ein Telefon,
b) 77,7% dieser Haushalte einen PKW,
c) 95,8% dieser Haushalte ein Rundfunkgerät,
d) 22,3% dieser Haushalte eine Schmalfilmkamera,
e) 41,0% dieser Haushalte einen Diaprojektor.

In wie vielen Haushalten dieses Typs hätte man diese Konsumgüter vorfinden können, wenn eine Stichprobe vom Umfang 720 (536, 1247) durchgeführt worden wäre?

Ü 3

Im Mittel sind 5% der Nägel einer Sortimentpackung nicht einwandfrei. In einer Packung sind 360 Nägel.

Wie viele Nägel sind in 99,7% der Packungen nicht in Ordnung?

Ü 4

Die Wahrscheinlichkeit dafür, daß eine beliebige Zahl bei einer Wochenziehung des Lotto gezogen wird, beträgt $\frac{6}{49}$ (vgl. Kap. **1.3**, Ü 15).

Mit wie vielen Ziehungen einer beliebigen Zahl konnte man Ende 1978, nach 1212 Wochenziehungen, rechnen (Sicherheitswahrscheinlichkeit 95,5%)?

Vergleiche dies mit den Häufigkeiten der Tabelle:

1	2	3	4	5	6	7
148	156	158	141	136	150	137
8	**9**	**10**	**11**	**12**	**13**	**14**
140	162	136	137	143	121	143
15	**16**	**17**	**18**	**19**	**20**	**21**
136	141	152	146	153	143	161
22	**23**	**24**	**25**	**26**	**27**	**28**
155	148	139	159	162	142	131
29	**30**	**31**	**32**	**33**	**34**	**35**
149	146	162	172	151	139	147
36	**37**	**38**	**39**	**40**	**41**	**42**
163	138	161	159	159	144	142
43	**44**	**45**	**46**	**47**	**48**	**49**
149	144	150	155	138	158	170

Ü 5

Jede Woche werden beim Lottospiel ca. 140 Millionen Tips abgegeben.

Wie viele Tips mit 0, 1, 2, 3, 4, 5, 6 *Richtigen* werden dabei sein, wie viele haben *5 Richtige mit Zusatzzahl*?

Die Wahrscheinlichkeit,

0	*Richtige* zu haben, beträgt	6096454/13983816
1		5775588/13983816
2		1851150/13983816
3		246820/13983816
4		13545/13983816
5	(ohne Zusatzzahl)	252/13983816
5	(mit Zusatzzahl)	6/13983816
6		1/13983816

Ü 6

Das Statistische Bundesamt veröffentlicht monatlich, wie viele Bruteier in Brutanlagen eingelegt wurden und wie viele Küken aus diesen Eiern schlüpften (Zahlen aus dem Jahre 1978).

a) Aus 9656000 eingelegten Bruteiern zur Erzeugung von Legehennen-Küken schlüpften 3697000 Küken.
   Mit wie vielen geschlüpften Legehennen-Küken konnte man in einer Brüterei rechnen, wenn 10000 (23546, 40000) Bruteier in Brutanlagen gelegt wurden?

b) Aus 26567000 eingelegten Bruteiern zur Erzeugung von Schlachthühnern schlüpften 21120000 Küken.
   Mit wie vielen geschlüpften Schlachthühner-Küken konnte man in einer Brüterei rechnen, wenn 20000 (32123, 40000) Bruteier in Brutanlagen gelegt wurden?

Ü 7

a) Die 136 Schüler des Abiturjahrgangs 1979 eines großen Gymnasiums vereinbaren, nach 25 Jahren den Jahrestag ihrer Abschlußprüfung wieder zu feiern.
   Wie viele *Ehemalige* werden diesen Tag (mit einer Wahrscheinlichkeit von 95,5%) erleben?

b) An derselben Schule bestehen auch 121 Schülerinnen die Abiturprüfung. Wie viele weibliche *Ehemalige* werden feiern können?

(*Anleitung:* Wir setzen zur Vereinfachung voraus, daß die Abiturienten des Jahrgangs alle ungefähr 20 Jahre alt sind. Benutze die Tabelle von S. 10.)

$\frac{\sigma}{n}$-Umgebungen von p

Oft sind uns die Ergebnisse von Stichproben nicht als absolute Häufigkeiten (Anzahl der Erfolge) sondern als relative Häufigkeiten gegeben.

Um die relativen Häufigkeiten $\frac{X}{n}$ mit der Erfolgswahrscheinlichkeit p zu vergleichen, formen wir den Satz über σ-Umgebungen um:

$$P\left(\left|\frac{X}{n}-p\right|\leq 2\frac{\sigma}{n}\right)\approx 0{,}955$$

$$P\left(\left|\frac{X}{n}-p\right|\leq 3\frac{\sigma}{n}\right)\approx 0{,}997$$

Aufgabe 3:

Im September 1978 veröffentlichten die Institute Allensbach und INFAS Befragungsergebnisse zur Landtagswahl in Hessen am 8. 10. 1978:

	CDU	SPD	FDP
Allensbach	47,2%	40,4%	6,8%
INFAS	45,5%	45,0%	5,5%

In der Landtagswahl errang die CDU 46,0%, die SPD 44,3% und die FDP 6,6% der Stimmen.

Überprüfe die Qualität der einzelnen Befragungsergebnisse (Stichprobenumfang: 2000)! Liegen die Stichprobenergebnisse innerhalb der $2\frac{\sigma}{n}$-Umgebung des Wahlergebnisses p?

Lösung:

$n = 2000; \quad \frac{\sigma}{n} = \sqrt{\frac{p(1-p)}{n}}$

	p	$\frac{\sigma}{n}$	$2\frac{\sigma}{n}$-Umgebung um p
CDU	0,46	0,0111	$0{,}4378 \leq \frac{X}{n} \leq 0{,}4822$
SPD	0,443	0,0111	$0{,}4208 \leq \frac{X}{n} \leq 0{,}4652$
FDP	0,066	0,0056	$0{,}0548 \leq \frac{X}{n} \leq 0{,}0772$

Die Stichprobenergebnisse von INFAS liegen alle in der jeweiligen $2\frac{\sigma}{n}$-Umgebung um p, beim Allensbacher Institut fällt das SPD-Ergebnis heraus.

Wir bezeichnen Stichprobenergebnisse, die außerhalb der $2\frac{\sigma}{n}$-Umgebung von p (bei absoluten Häufigkeiten: außerhalb der 2σ-Umgebung von μ) liegen, als **ungewöhnliche Stichprobenergebnisse**. Die Abweichung von p bzw. μ wird als **signifikant** bezeichnet. Solche Ausgänge sind möglich, aber ihnen kommt insgesamt nur eine Wahrscheinlichkeit von 4,5% zu.

Stichprobenergebnisse, die innerhalb der $2\frac{\sigma}{n}$-Umgebung um p liegen, bezeichnen wir als **verträglich mit der Erfolgswahrscheinlichkeit p.**

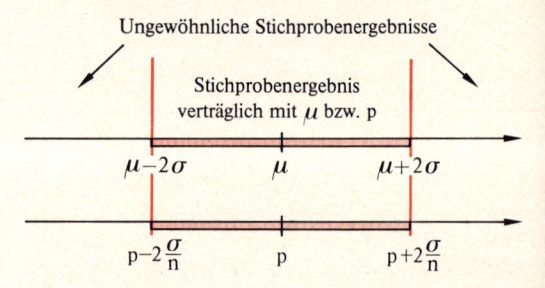

Ungewöhnliche Stichprobenergebnisse

Stichprobenergebnis verträglich mit μ bzw. p

$\mu-2\sigma \quad \mu \quad \mu+2\sigma$

$p-2\frac{\sigma}{n} \quad p \quad p+2\frac{\sigma}{n}$

Ü 8

Vergleiche die Ergebnisse der Bundestagswahl 1976 mit den Befragungsergebnissen von drei Instituten (Stichprobenumfang: 2000)!

	CDU/CSU	SPD	FDP
Allensbach	48,5	40,8	9,6
Infratest/Emnid	49	42	8
Wahlergebnis	48,6	42,6	7,9

Ü 9

1977 wurden in der Bundesrepublik 582 348 Kinder geboren, hiervon 299 736 Jungen.

Sind die Abweichungen signifikant?

	männlich	gesamt
Schleswig-Holstein	12 155	23 366
Hamburg	6 591	12 987
Niedersachsen	35 702	69 268
Bremen	3 035	5 947
Nordrhein-Westfalen	83 032	160 944
Hessen	26 523	51 703
Rheinland-Pfalz	17 525	34 129
Baden-Württemberg	46 791	90 981
Bayern	54 845	106 633
Saarland	5 052	9 876
Berlin (West)	8 485	16 514

Ü 10

1976 wurden in der Bundesrepublik 309 135 Jungen und 293 466 Mädchen geboren.

a) In einem Krankenhaus kamen im ersten Halbjahr dieses Jahres 315 Jungen und 318 Mädchen zur Welt. Ist die relative Häufigkeit der Mädchengeburten in diesem Krankenhaus verträglich mit der Wahrscheinlichkeit für eine Mädchengeburt in der Bundesrepublik?

b) Sind einzelne Monatsergebnisse des Krankenhauses ungewöhnlich?

Monat	Anzahl der Jungengeburten	Anzahl der Mädchengeburten
Januar	57	53
Februar	47	43
März	53	68
April	57	50
Mai	52	54
Juni	49	50

c) Gibt es einen Wochentag mit ungewöhnlich vielen oder wenigen Mädchengeburten?

Wochentag	Anzahl der Jungengeburten	Anzahl der Mädchengeburten
Montag	41	54
Dienstag	38	46
Mittwoch	54	48
Donnerstag	59	35
Freitag	54	49
Samstag	42	51
Sonntag	27	35

Ü 11

Das erste Halbjahr 1976 hatte genau 26 Wochen = 182 Tage.
Untersuche mit Hilfe der Daten aus Ü 10:

a) Die Wahrscheinlichkeit für die Geburt eines Kindes an einem beliebigen Wochentag beträgt $\frac{1}{7}$. Wurden in dem Krankenhaus an einem Wochentag ungewöhnlich viele oder wenige Kinder geboren?

b) Die Wahrscheinlichkeit für die Geburt eines Kindes im Monat Januar 1976 betrug $\frac{31}{182}$, im Monat Februar $\frac{29}{182}$, usw.
Wurden in dem Krankenhaus in einem Monat ungewöhnlich viele oder wenige Kinder geboren?

Ü 12

In einer Prüfstelle eines Technischen Überwachungsvereins (TÜV) erhielten in einem Vierteljahr 9943 von 15 250 vorgeführten Fahrzeugen eine Plakette.

In der Tabelle auf Seite 9 ist festgehalten, wie viele Plaketten an 25 Tagen verteilt wurden.

a) Treten signifikante Abweichungen auf?

b) Gibt es einen Wochentag, an dem ungewöhnlich viele oder wenige Plaketten ausgegeben wurden (Montag: 1., 6., 11., 16. und 21. Tag, usw.)?

Ü 13

Von den Technischen Überwachungs-Vereinen werden vierteljährlich Statistiken u.a. darüber erstellt, wie viele Kraftfahrzeuge von den einzelnen Prüfern das Urteil *ohne Mängel* bzw. *mit unerheblichen Mängeln* oder *mit erheblichen Mängeln* erhalten haben. Diese Daten werden mit den Gesamtwerten der Prüfstelle verglichen.

a) In einer Prüfstelle erhielten in einem Vierteljahr von 15 300 geprüften Fahrzeugen 9650 eine Prüfplakette.

Ein Prüfer untersuchte in derselben Zeit 875 Fahrzeuge und gab 545 Prüfplaketten. Kann man ihn als »scharfen« oder »großzügigen« Prüfer bezeichnen oder läßt sich die Abweichung vom Mittelwert der Prüfstelle als *zufällig* auffassen?

b) Werte wie in a) die Ergebnisse anderer Prüfstellen aus:

verteilte Plaketten	geprüfte Fahrzeuge	verteilte Plaketten	geprüfte Fahrzeuge
einer Prüfstelle		eines Prüfers	
5070	8310	586	1008
3240	4920	711	1072
4180	6770	862	1229

Ü 14

Bis Ende 1978 wurden 1212 Wochenziehungen im Zahlenlotto durchgeführt.

Wurden einzelne Gruppen von Zahlen besonders oft oder besonders selten gezogen?

Prüfe, ob signifikante Abweichungen vom Erwartungswert auftreten!

	Merkmalsausprägung: Zahlen zwischen	absolute Häufigkeit
a)	1 und 10	1464
	11 und 20	1415
	21 und 30	1492
	31 und 40	1551
	41 und 49	1350
b)	1 und 7	1026
	8 und 14	982
	15 und 21	1032
	22 und 28	1036
	29 und 35	1066
	36 und 42	1066
	43 und 49	1064

Ü 15

Bis Ende 1978 wurden 1212 Wochenziehungen im Zahlenlotto durchgeführt.

a) Treten unter den insgesamt 7272 gezogenen Zahlen ungewöhnlich viele ungerade bzw. gerade Zahlen auf?

b) Ist die Verteilung der geraden bzw. ungeraden Zahlen in den 1212 Wochenziehungen in Ordnung?

Merkmalsausprägung:	absolute Häufigkeit
gerade Zahl	3565
ungerade Zahl	3707
0 gerade Zahlen	18
1 gerade Zahl	94
2 gerade Zahlen	321
3 gerade Zahlen	403
4 gerade Zahlen	274
5 gerade Zahlen	88
6 gerade Zahlen	14

Hinweis zu b): Die Wahrscheinlichkeit, daß bei einer Wochenziehung im Lotto k Zahlen gerade und 6 − k Zahlen ungerade sind, beträgt:

$$p = \frac{\binom{24}{k}\binom{25}{6-k}}{\binom{49}{6}} \text{ für } k = 0, \ldots, 6.$$

$\frac{\sigma}{n}$-Umgebungen bei wachsendem Stichprobenumfang

Aufgabe 4:

Nehmen wir an, 51% der Bevölkerung würden bei einer bevorstehenden Wahl die Parteiengruppe A und 49% die Parteiengruppe B wählen. Nehmen wir ferner an, daß bei einer Meinungsumfrage alle Befragten sich bereits entschieden haben und wahrheitsgetreu antworten.

a) Welche relativen Häufigkeiten werden wir (mit einer Wahrscheinlichkeit von 95,5%) erhalten, wenn wir 500 (1000, 2000, 10000) Personen in einer Zufallsstichprobe befragen?

b) Bei welchem Stichprobenumfang deutet das Stichprobenergebnis (mit einer Wahrscheinlichkeit von 95,5%) auf einen Wahlsieg der Parteiengruppe A hin?

c) Wie verändern sich die $\frac{\sigma}{n}$-Umgebungen, wenn der Stichprobenumfang n wächst?

Berechne $\frac{\sigma}{n}$ für p = 0,5 und n = 50, 75, 100, 125, 150, 175, 200, 250, 300, 350, 400, 500, 600, 700, 800, 900 und 1000!
Stelle den Zusammenhang dar!

d) Was bedeutet dies für die Abweichung der relativen Häufigkeiten von der Erfolgswahrscheinlichkeit bei wachsendem Stichprobenumfang n?

Lösung:

a) Es ist:

n	500	1000	2000	10000
$\frac{\sigma}{n}$	0,022	0,016	0,011	0,005

falls man p = 0,51 und q = 0,49 setzt.
Daher gilt:
Die relative Häufigkeit der Befragung wird
für n = 500 zwischen 46,6% und 55,4% liegen,
für n = 1000 zwischen 47,8% und 54,2% liegen,
für n = 2000 zwischen 48,8% und 53,2% liegen,
für n = 10000 zwischen 50,0% und 52,0% liegen.

b) Nur im Fall des Stichprobenumfangs 10000 hätte man es (mit einer Wahrscheinlichkeit von 95,5%) mit einer Stichprobe zu tun, die auf einen Wahlsieg der Parteiengruppe A hinweist!

c) Die $\frac{\sigma}{n}$-Umgebungen werden mit zunehmendem n kleiner, z.B. gilt: Vervierfacht man den Stichprobenumfang, dann wird die Breite der $\frac{\sigma}{n}$-Umgebung halbiert.

Allgemein gilt wegen $\frac{\sigma}{n} = \sqrt{\frac{p \cdot q}{n}}$:

> Die Breite der $\frac{\sigma}{n}$-Umgebung ist umgekehrt proportional zur Wurzel aus dem Stichprobenumfang n:
>
> $$\frac{\sigma}{n} \sim \frac{1}{\sqrt{n}}$$

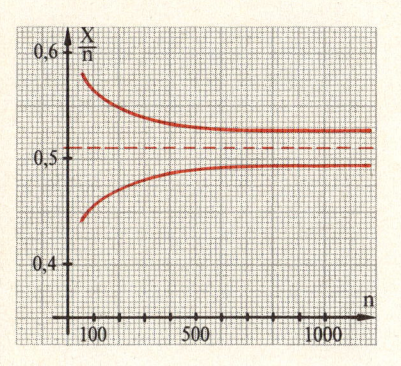

n	$\frac{\sigma}{n}$	n	$\frac{\sigma}{n}$
50	0,071	350	0,027
75	0,058	400	0,025
100	0,050	500	0,022
125	0,045	600	0,020
150	0,041	700	0,019
175	0,038	800	0,018
200	0,035	900	0,017
250	0,032	1000	0,016
300	0,029		

d)

> Mit wachsendem Stichprobenumfang unterscheiden sich die relativen Häufigkeiten einer Merkmalsausprägung in den σ-Umgebungen immer weniger von der zugrundeliegenden Erfolgswahrscheinlichkeit.

Mit wachsendem Stichprobenumfang wird die Schätzung einer unbekannten Erfolgswahrscheinlichkeit durch die relative Häufigkeit der Merkmalsausprägung immer besser. Diese Aussage wurde bereits in Kapitel **1.1** als Erfahrungssatz formuliert!

Ü 16

In einer Zufallsstichprobe werden 500 (1000, 2000, 10000) Personen zu einem bestimmten Thema befragt.

a) Mit welchen relativen Häufigkeiten kann man (mit einer Wahrscheinlichkeit von 95,5%) rechnen, wenn

(1) 30%   (2) 90%   (3) 70%

der Bevölkerung eine bestimmte Meinung vertreten?

b) Vergleiche mit den Ergebnissen von Aufgabe 4d)!

Ü 17

Mit welchen relativen Häufigkeiten für das Auftreten der Augenzahl 6 kann man mit einer Wahrscheinlichkeit von 95,5% (99,7%) rechnen, wenn

a) 300mal   b) 1200mal
c) 2400mal   d) 4800mal

gewürfelt wird?

Ü 18

Wie stark weichen die relativen Häufigkeiten beim Werfen einer Münze von 0,5 in 99,7% (95,5%) der Zufallsversuche ab, wenn diese Zufallsversuche vom Umfang

a) 100   b) 500   c) 1000
d) 5000   e) 10000   sind?

Ü 19

Wie groß muß der Umfang einer Stichprobe gewählt werden, damit die relative Häufigkeit in der Stichprobe um höchstens 0,01 von der Erfolgswahrscheinlichkeit abweicht (Sicherheitswahrscheinlichkeit 95,5%)?

Die Erfolgswahrscheinlichkeit betrage

a) p = 0,5   b) p = 0,3
c) p = 0,1   d) p = 0,9

3. Schätzen und Testen

3.1. Schluß von der Stichprobe auf die Gesamtheit, Konfidenzintervalle

Beim Aufgabentyp *Schluß von der Gesamtheit auf die Stichprobe* (Kap. **2.6**) untersuchten wir, welche Ausgänge in Stichproben auftreten können. Aus gegebener Erfolgswahrscheinlichkeit und gegebenem Stichprobenumfang bestimmten wir die Umgebungen um den Erwartungswert, in denen 95,5% bzw. 99,7% der Ausgänge lagen.

In den meisten Fällen kennt man jedoch die Erfolgswahrscheinlichkeit nicht, sondern kennt das Ergebnis einer Stichprobe.

Aufgaben von diesem Typ heißen:

Schluß von der Stichprobe auf die Gesamtheit.

Die Grundfrage dieser Aufgaben lautet:

Welche Erfolgswahrscheinlichkeit liegt dem Zufallsversuch zugrunde?

Wir suchen alle Erfolgswahrscheinlichkeiten p, die mit dem Stichprobenergebnis verträglich sind. In unserem Lösungsansatz gehen wir also davon aus, daß das Stichprobenergebnis innerhalb der $2\frac{\sigma}{n}$-Umgebung um p liegt.

Dies gilt mit einer Sicherheitswahrscheinlichkeit von 95,5% (oder entsprechend mit einer Sicherheitswahrscheinlichkeit von 99,7% bei der $3\frac{\sigma}{n}$-Umgebung von p).

Aufgabe 1:

Eine Partei A will wissen, ob ihr in einer bevorstehenden Wahl die Mehrheit sicher ist. Dazu läßt sie eine Meinungsbefragung unter 1000 Wahlberechtigten durchführen. 51,8% der Befragten geben an, die Partei A zu wählen.

a) Nenne Beispiele von Erfolgswahrscheinlichkeiten, die mit dem Stichprobenergebnis verträglich sind (Sicherheitswahrscheinlichkeit 95,5%)!
b) Welches ist die kleinste bzw. die größte Erfolgswahrscheinlichkeit, die mit dem Stichprobenergebnis verträglich ist?
c) Bedeutet dieses Befragungsergebnis, daß die Partei A die Mehrheit der Stimmen erhält?

Lösung:

a) Ohne Rechnung erkennen wir, daß die Erfolgswahrscheinlichkeit $p = 0{,}518$ verträglich ist mit dem Stichprobenergebnis $\frac{X}{n} = 0{,}518$.

Aber auch z. B. $p = 0{,}493$ ist verträglich mit $\frac{X}{n} = 0{,}518$:

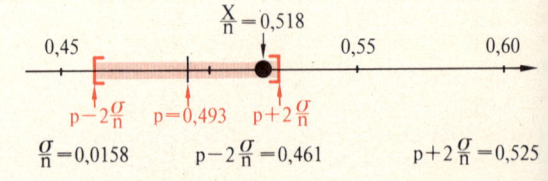

$\frac{\sigma}{n} = 0{,}0158 \qquad p - 2\frac{\sigma}{n} = 0{,}461 \qquad p + 2\frac{\sigma}{n} = 0{,}525$

b) Alle mit dem Stichprobenergebnis $\frac{X}{n} = 0{,}518$ verträglichen Erfolgswahrscheinlichkeiten erhalten wir aus dem Ansatz:

$$\left|\frac{X}{n} - p\right| \leq 2\frac{\sigma}{n}$$

Gegeben ist $\frac{X}{n} = 0{,}518$ und $n = 1000$.

Zu lösen ist die Ungleichung

$$|0{,}518 - p| \leq 2\sqrt{\frac{p(1-p)}{1000}}$$

Hieraus ergibt sich die quadratische Ungleichung:

$$(0{,}518 - p)^2 \leq 4 \cdot \frac{p(1-p)}{1000}$$

Wir lösen nach p auf:

$$1000 \cdot (0{,}518^2 - 1{,}036p + p^2) \leq 4p - 4p^2$$
$$\Leftrightarrow 268{,}324 - 1036p + 1000p^2 \leq 4p - 4p^2$$
$$\Leftrightarrow 1004p^2 - 1040p \leq -268{,}324$$
$$\Leftrightarrow p^2 - \frac{1040}{1004}p \leq -\frac{268{,}324}{1004}$$

Wir rechnen mit 4- bzw. 8stelliger Genauigkeit:

$$\Leftrightarrow p^2 - 1{,}0358p \leq -0{,}26725498$$
$$\Leftrightarrow (p - 0{,}5179)^2 \leq 0{,}00096543$$
$$\Leftrightarrow |p - 0{,}5179| \leq 0{,}0311$$
$$\Leftrightarrow 0{,}4868 \leq p \leq 0{,}5490$$

Zum Abschluß runden wir auf 3 Stellen:
$0{,}487 \leq p \leq 0{,}549$

Die kleinste mit dem Stichprobenergebnis verträgliche Erfolgswahrscheinlichkeit ist $p = 0{,}487$:

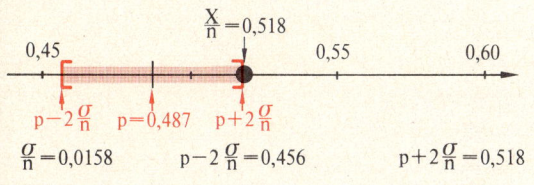

$\frac{\sigma}{n} = 0{,}0158 \quad p - 2\frac{\sigma}{n} = 0{,}456 \quad p + 2\frac{\sigma}{n} = 0{,}518$

Die größte mit dem Stichprobenergebnis verträgliche Erfolgswahrscheinlichkeit ist $p = 0{,}549$:

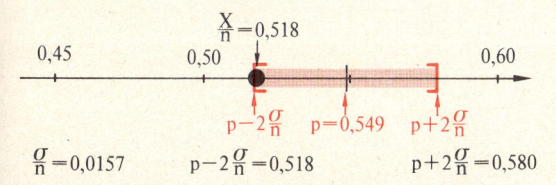

$\frac{\sigma}{n} = 0{,}0157 \quad p - 2\frac{\sigma}{n} = 0{,}518 \quad p + 2\frac{\sigma}{n} = 0{,}580$

c) Da das Stichprobenergebnis auch mit Erfolgswahrscheinlichkeiten $p < 0{,}5$ verträglich ist, kann man nichts über den Wahlsieg der Partei A sagen.

In Aufgabe 1b) erhielten wir ein Intervall von Erfolgswahrscheinlichkeiten p, die alle mit dem Stichprobenergebnis verträglich sind.

Der Ansatz zur Lösung ist allerdings nur bei ca. 95,5% der Stichproben richtig. Diese Einschränkung müssen wir bei der Angabe des Lösungsintervalls machen.

Man nennt das Lösungsintervall zum Ansatz

$$\left|\frac{X}{n} - p\right| \leq 2\frac{\sigma}{n}$$

95,5% – Konfidenzintervall für p

und das Lösungsintervall zum Ansatz

$$\left|\frac{X}{n} - p\right| \leq 3\frac{\sigma}{n}$$

99,7% – Konfidenzintervall für p.

> Bei der Bestimmung eines **Konfidenzintervalls** schätzen wir die *Erfolgswahrscheinlichkeit*, die dem Zufallsversuch zugrundeliegt.
>
> Das 95,5% – Konfidenzintervall (99,7% – Konfidenzintervall) enthält alle die Werte für p, die mit dem Stichprobenausgang mit einer Sicherheitswahrscheinlichkeit von 95,5% (99,7%) *verträglich* sind.

Ü 1

In einer Umfrage unter 1000 zufällig ausgesuchten Personen vertraten 620 eine bestimmte Meinung.

a) Nenne Beispiele von Erfolgswahrscheinlichkeiten, die mit dem Stichprobenergebnis verträglich sind (Sicherheitswahrscheinlichkeit 95,5% bzw. 99,7%)!

b) Welches ist die kleinste bzw. die größte Erfolgswahrscheinlichkeit, die mit dem Stichprobenergebnis verträglich ist?

Ü 2

Nach einer Umfrage vom Dezember 1977 waren 4-Personen-Arbeitnehmer-Haushalte wie folgt ausgestattet (Stichprobenumfang 1000):

a) In 74,8% war ein Schwarz-Weiß-Fernsehgerät,

b) in 63,9% eine Schreibmaschine,

c) in 14,8% eine Geschirrspülmaschine.

Bestimme jeweils 95,5%-Konfidenzintervalle für den Anteil p der 4-Personen-Arbeitnehmer-Haushalte, die mit den genannten langlebigen Gebrauchsgütern ausgestattet sind!

Ein Näherungsverfahren

Die Bestimmung eines Konfidenzintervalls nach der angegebenen Methode ist aufwendig, da man die zunächst gegebene Betragsungleichung quadrieren muß, um p zu isolieren.

Gibt man sich mit einer **Näherungslösung** zufrieden, dann läßt sich das Verfahren verkürzen.

Aus der Lösung von Aufgabe **1** b) lesen wir ab, daß sich die Werte für $\frac{\sigma}{n}$ innerhalb des Konfidenzintervalls nicht wesentlich unterscheiden (in der vierten Dezimalstelle).

Ersetzen wir $\frac{\sigma}{n}$ auf der rechten Seite der Ungleichung durch $\sqrt{\frac{0{,}518 \cdot 0{,}482}{1000}}$, dann vereinfacht sich der Ansatz:

$$|0{,}518 - p| \leq 2\sqrt{\frac{0{,}518 \cdot 0{,}482}{1000}}$$

$$|0{,}518 - p| \leq 2 \cdot 0{,}0158$$

$$|0{,}518 - p| \leq 0{,}0316$$

$$0{,}4864 \leq p \leq 0{,}5496$$

Gerundet auf drei Stellen: $0{,}486 \leq p \leq 0{,}550$.

Diese Werte weichen nur geringfügig von den Werten ab, die wir mit der exakten Methode erhalten.

Benutze in der folgenden Übung die Näherungsmethode.

Ü 3

In einer Umfrage sollte untersucht werden, in wie vielen 4-Personen-Arbeitnehmer-Haushalten in der Bundesrepublik (einschließlich West-Berlin) sich die folgenden Gebrauchsgüter befanden.

In einer Stichprobe vom Umfang 1000 stellte man die folgenden relativen Häufigkeiten fest:

a) elektrisches Grillgerät	42,9%
b) Waschvollautomat	62,1%
c) elektrischer Heißwasserbereiter	41,6%
d) Schallplattenspieler	69,4%
e) elektrische Küchenmaschine	30,4%
f) Telefon	61,8%
g) Farbfernsehgerät	50,1%

Bestimme jeweils 95,5%-Konfidenzintervalle für den Anteil p aller Haushalte, die mit diesen Konsumgütern ausgestattet sind!

Wir untersuchen, ob die Näherungsmethode zur Bestimmung von Konfidenzintervallen in allen Fällen angewandt werden darf:

Aufgabe 2:

Bestimme das 95,5%-Konfidenzintervall für p,

(1) nach der genauen Methode,

(2) nach der Näherungsmethode,

wenn eine Stichprobe vom Umfang n = 1000 die relative Häufigkeit $\frac{X}{n} = 0{,}1$ aufweist!

Vergleiche die Ergebnisse!

Warum ist die Näherungsmethode hier nicht angemessen?

Lösung:

(1) genauer Ansatz   (2) Näherungsansatz

$|0{,}1 - p| \leq 2\sqrt{\frac{p(1-p)}{1000}}$ $\qquad |0{,}1 - p| \leq 2\sqrt{\frac{0{,}1 \cdot 0{,}9}{1000}}$

Konfidenzintervall: Konfidenzintervall:

$0{,}0826 \leq p \leq 0{,}1206$ $\qquad 0{,}0810 \leq p \leq 0{,}1190$

Das Näherungsverfahren ist nicht in jedem Fall sinnvoll. Wir suchen daher nach einem Kriterium, wann die Näherungsmethode angemessen ist.

Dazu betrachten wir die Funktion $p \mapsto \sqrt{p(1-p)}$

(Bei festem Stichprobenumfang n unterscheidet sich die Funktion $p \mapsto \sqrt{p(1-p)}$ nur um einen Streckungsfaktor von der Funktion $p \mapsto \sqrt{\frac{p(1-p)}{n}}$.)

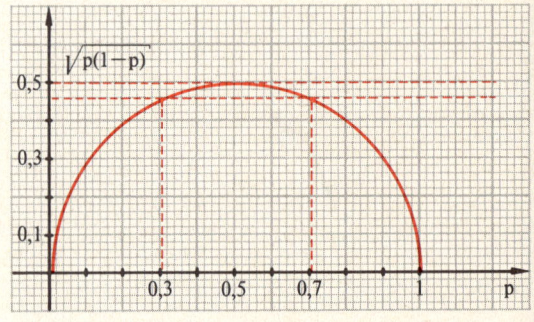

Aus dem Graphen der Funktion $p \mapsto \sqrt{p(1-p)}$ lesen wir ab, daß die Funktionswerte im Intervall zwischen 0,3 und 0,7 nur geringfügig voneinander abweichen (und zwar zwischen 0,458 und 0,5).

Zur Bestimmung von Konfidenzintervallen kann die Näherungsmethode benutzt werden, wenn $0{,}3 < p < 0{,}7$.

Ü 4

Bestimme 95,5%-Konfidenzintervalle nach der exakten Methode und nach dem Näherungsverfahren für eine Stichprobe

a) vom Umfang 1000 und $\frac{X}{n}=0,2$,

b) vom Umfang 500 und $\frac{X}{n}=0,04$,

c) vom Umfang 2000 und $\frac{X}{n}=0,01$,

d) vom Umfang 500 und $\frac{X}{n}=0,9$!

Vergleiche die Ergebnisse!

Überlege in den folgenden Übungen jeweils, ob die Näherungsmethode angewandt werden kann!

Ü 5

Außer in 4-Personen-Arbeitnehmer-Haushalten (vgl. Ü 2) werden regelmäßig auch in 2-Personen-Haushalten von Renten- und Sozialhilfeempfängern Befragungen durchgeführt. 1977 fand man in 500 ausgesuchten Haushalten dieses Typs bei

a) 75% ein Schwarz-Weiß-Fernsehgerät,

b) 34% eine Schreibmaschine,

c) 17,8% einen Plattenspieler,

d) 96,8% einen elektrischen Staubsauger,

e) 47,4% ein Telefon.

Bestimme jeweils 95,5%-Konfidenzintervalle!

Ü 6

Bei einer Befragung gaben 38% von 1000 Personen an, in der bevorstehenden Wahl die Partei A zu wählen. Für die Partei B wollten 9% stimmen.

a) Bestimme 95,5%-Konfidenzintervalle für die Anteile, mit denen die beiden Parteien jeweils rechnen können!

b) Beide Parteien wollen eine Koalition eingehen, wenn sie zusammen die Mehrheit im Parlament erreichen.
Bestimme ein 95,5%-Konfidenzintervall für den Anteil der Stimmen, den beide Parteien *zusammen* erhalten werden!

c) Vergleiche die beiden Konfidenzintervalle in a) mit dem Konfidenzintervall in b)!

Ü 7

Umfrage ergibt Vorsprung für die Union

Hamburg (dpa)
Wenn am kommenden Sonntag in Schleswig-Holstein gewählt würde, könnte die CDU nach einer Umfrage des Allensbacher Instituts für Demoskopie mit einem knappen Vorsprung vor SPD und FDP rechnen. Wie der „Stern" am Dienstag mitteilte, ergab die von dem Blatt in Auftrag gegebene Befragung von 929 Wahlberechtigten in Schleswig-Holstein für die Christdemokraten einen Anteil von 47,4 Prozent (1975: 50,4), während Sozialdemokraten und freie Demokraten zusammen auf 46,4 Prozent (47,2) kamen.

Auf die Frage: „Welche Partei würden Sie wählen, wenn schon diesen Sonntag hier in Schleswig-Holstein Landtagswahl wäre?" sprachen sich 38,1 Prozent (40,1) für die SPD und 8,3 Prozent (7,1) für die FDP aus. Auf die „Grüne Liste" entfielen danach 4,5 und auf „Sonstige" 1,7 Prozent.

(Aus *Kölner Stadt-Anzeiger*, 10 Tage vor der Wahl 1979)

a) Wie viele Stimmen erhielten CDU, SPD und FDP in der Stichprobe?
Mit welchen Erfolgswahrscheinlichkeiten sind die einzelnen Ergebnisse verträglich (Sicherheitswahrscheinlichkeit 95,5%)?

b) Folgte aus dem Ergebnis der Befragung, daß die FDP die 5%-Hürde nehmen würde?

c) Konnte die CDU damit rechnen, mehr Stimmen als SPD und FDP zusammen zu erhalten?

Ü 8

Eine Zeitschrift führt eine Meinungsumfrage zu einem Gesetzentwurf der Regierung durch.

33% der 1000 Befragten stimmen dem Entwurf voll zu, 37% halten das Gesetz im Prinzip für richtig.

Kann man sagen, daß mehr als $\frac{2}{3}$ der Bevölkerung dem Gesetzentwurf zumindest dem Prinzip nach zustimmt?
(Sicherheitswahrscheinlichkeit 95,5%)

Ü 9

In einer Stichprobe vom Umfang 500 (1000, 2000) trat eine Merkmalsausprägung nicht auf.

Bedeutet dies, daß diese Ausprägung auch in der Gesamtheit nicht vorkommt?

(*Anleitung*: Welche Erfolgswahrscheinlichkeiten sind mit der absoluten Häufigkeit 0 verträglich?)

Ü 10

Vor einer Wahl geben 526 von 1237 Befragten an, eine bestimmte Partei A zu wählen.

a) Bestimme ein 99,7%-Konfidenzintervall für den Anteil der Bevölkerung, der die Partei A wählen wird!

b) In derselben Befragung geben 589 der Befragten an, die Partei B wählen zu wollen. Bestimme auch hier ein 99,7%-Konfidenzintervall!

c) Kann es sein, daß in der Gesamtbevölkerung mehr Personen die Partei A als die Partei B wählen werden?

Ü 11

Im Mai 1977 bestimmte das Statistische Bundesamt in Stichproben die *Kinderzahlen* in Ehen in der Bundesrepublik.

a) Von 19962 Ehen, die in den Jahren 1962 bis 1966 geschlossen wurden, waren 2714 ohne Kinder, 5132 mit 1 Kind, 8011 mit 2 Kindern, 3002 mit 3 Kindern und 1103 mit 4 und mehr Kindern.

b) Von 17915 Ehen, die in den Jahren 1967 bis 1971 geschlossen wurden, waren 3656 ohne Kinder, 6409 mit 1 Kind, 6177 mit 2 Kindern, 1371 mit 3 Kindern und 302 mit 4 und mehr Kindern.

Bestimme jeweils 95,5%-Konfidenzintervalle für die Anteile der Ehen mit 0, 1, 2, 3, 4, und mehr Kindern!

Konfidenzintervalle für μ

Aufgabe 3:

Im Rahmen der Gebietsreform in den einzelnen Bundesländern wurden oft mehrere Kreise zu einem neuen Verwaltungsbereich zusammengelegt. Neuzugelassene oder umgemeldete Kraftfahrzeuge im neuen Kreis erhalten neue Kennzeichen – die alten bleiben bis zur Abmeldung gültig.

a) In einer Stichprobe von 650 PKW und Kombi-Fahrzeuge sind 247 Fahrzeuge mit alter Zulassungsnummer.

Schätze den Anteil dieser Fahrzeuge im neuen Kreis (Sicherheitswahrscheinlichkeit 95,5%)!

b) Im neuen Kreis sind zum Zeitpunkt der Stichprobe 86320 PKW und Kombi-Fahrzeuge zugelassen.

Wie viele dieser Fahrzeuge haben noch eine alte Zulassungsnummer?

Lösung:

a) Nach der Näherungsmethode schätzen wir den Anteil p:

$$X = 247, \; n = 650, \; \frac{X}{n} = 0{,}38$$

Mit einer Wahrscheinlichkeit von ca. 95,5% ist der Ansatz richtig:

$$\left|\frac{X}{n} - p\right| \leq 2\sqrt{\frac{0{,}38 \cdot 0{,}62}{650}}$$

Umformungen führen zu:

$$0{,}342 \leq p \leq 0{,}418$$

Anteile zwischen 34,2% und 41,8% sind mit dem Stichprobenergebnis verträglich.

b) Aus der Schätzung für p erhalten wir eine Schätzung für μ:

$$0{,}342 \leq p \leq 0{,}418$$
$$\Leftrightarrow \; 0{,}342 \cdot 86\,320 \leq \mu \leq 0{,}418 \cdot 86\,320$$
$$\Leftrightarrow \; 29\,521 \leq \mu \leq 36\,082$$

Hat man den Anteil p mit einer Genauigkeit von 3 Dezimalstellen geschätzt, dann kann man die Anzahl der betrachteten Fahrzeuge auch nur mit einer Genauigkeit von 3 Stellen schätzen:

Als 95,5%-Konfidenzintervall für μ erhalten wir:

$$29\,500 \leq \mu \leq 36\,100$$

Nach dem Stichprobenergebnis schätzen wir, daß die Anzahl der PKW und Kombi-Fahrzeuge mit alter Zulassungsnummer zwischen 29500 und 36100 liegt.

Ü 12

In einer Stichprobe vom Umfang 827 fand man 354 Personen mit Blutgruppe A.

a) Bestimme ein 95,5%-Konfidenzintervall für den Anteil p der Personen mit Blutgruppe A!

b) Wie viele mögliche Blutspender für diese Blutgruppe wird man finden, wenn in der betr. Bevölkerungsgruppe 325000 Erwachsene leben? (Sicherheitswahrscheinlichkeit 95,5%)

Ü 13

Von 1345 erwachsenen Bundesbürgern gaben 72 an, daß sie Linkshänder seien.

a) Bestimme ein 95,5%-Konfidenzintervall für den Anteil p der Linkshänder!

b) Wie viele erwachsene Linkshänder wird es in der Bundesrepublik geben? (45,79 Mio. Bundesbürger sind volljährig.)

Ü 14

Im Auftrag der Zigarettenindustrie befragte das Allensbacher Institut je 2000 Männer und Frauen nach ihren Rauchgewohnheiten.

45% der Männer und 72% der Frauen (zwischen 14 und 70 Jahren) gaben an, nicht zu rauchen. Unter den Rauchern zogen 26% der Männer und 65% der Frauen nikotin- und teerarme Zigaretten anderen vor.

In der Bundesrepublik gibt es
21,18 Mio Männer zwischen 14 und 70 Jahren;
22,72 Mio Frauen zwischen 14 und 70 Jahren.

a) Schätze die Gesamtzahl der Männer (der Frauen) in der Bundesrepublik, die rauchen!

b) Wie viele männliche (weibliche) Raucher bevorzugen nikotin- und teerarme Zigaretten?

(Sicherheitswahrscheinlichkeit 95,5%)

Ü 15

Ein Hersteller von Kopfschmerztabletten wirbt in Zeitschriften mit dem Hinweis:

> **35 994 320**
> **Erwachsene leiden unter**
> **Kopfschmerzen!**
> **Dagegen hilft**

Auf die Frage nach dem zugrundeliegenden Datenmaterial antwortet die Firma:

Nach Angaben des Statistischen Bundesamtes gab es 1976 in der Bundesrepublik (einschl. Westberlin) 45 794 300 Erwachsene. In einer Umfrage (1976) unter 500 Erwachsenen gaben 37,2% an, oft unter Kopfschmerzen zu leiden, und 41,4% haben gelegentlich Kopfschmerzen; zusammen sind dies 78,6%.

78,6% von 45 794 300 sind 35 994 320!

a) Welche Fehler wurden von der Werbeabteilung der Firma gemacht?

b) Was läßt sich sinnvoll aus den vorliegenden Daten ablesen?

Ü 16

Um herauszufinden, mit welcher absoluten Häufigkeit eine bestimmte Tierart vorkommt, fängt man im betrachteten Gebiet Tiere dieser Art ein und markiert sie. Danach setzt man sie wieder aus. Nach einiger Zeit fängt man wieder Tiere dieser Art und stellt fest, wie viele davon markiert sind.

(1) In einem Bezirk Finnlands werden 200 Rentiere gefangen und mit einem gut sichtbaren Farbfleck gekennzeichnet. Einige Wochen später fotografiert man vom Flugzeug aus verschiedene Rentierherden mit insgesamt 430 Tieren, von denen 72 eine Markierung tragen.

(2) Von 120 markierten Fischen eines Fischteichs werden 28 beim zweiten Mal wieder gefangen; 104 Fische sind nicht markiert.

Schätze den Anteil markierter Tiere in der Gesamtheit! Wie viele Tiere der betrachteten Art wird es in dem Bezirk bzw. Fischteich geben?

(Sicherheitswahrscheinlichkeit 95,5%)

3.2. Testen von Hypothesen

In Kapitel **2.6** haben wir Stichprobenausgänge, die außerhalb der 2σ- (oder auch 3σ-) Umgebung des Erwartungswertes liegen, als ungewöhnlich bezeichnet.

Beim Aufgabentyp *Testen von Hypothesen* prüft man, ob solche ungewöhnlichen Ergebnisse vorliegen.

Man nimmt dabei an, die zugrundeliegende Erfolgswahrscheinlichkeit zu kennen.

Die Grundfrage lautet daher:

Ist das Stichprobenergebnis verträglich mit der hypothetischen Erfolgswahrscheinlichkeit?

Aufgabe 1:

Bei einem Würfelspiel wird der Verdacht geäußert, daß der benutzte Würfel nicht in Ordnung ist. Während der nächsten 300 Würfe zählt man 65mal die Augenzahl 1.

Kann man dies als Bestätigung des Verdachts auffassen?

Lösung:

Bei einem guten Würfel ist die Wahrscheinlichkeit für das Würfeln der Augenzahl 1 gleich $\frac{1}{6}$. Mit einer Wahrscheinlichkeit von 95,5% sind bei 300 Würfen mindestens 38, höchstens 62 Würfe mit Augenzahl 1 zu erwarten.

Der Stichprobenausgang liegt außerhalb dieses Intervalls. Versuchsausgängen außerhalb der 2σ-Umgebung kommt nur eine Wahrscheinlichkeit von 4,5% zu.

Der Verdacht scheint gerechtfertigt.

In Aufgabe 1 haben wir die Annahme (*Hypothese*) $p = \frac{1}{6}$ getestet. Wir prüfen in der Rechnung, ob der vorliegende Versuchsausgang mit dieser hypothetischen Erfolgswahrscheinlichkeit verträglich ist.

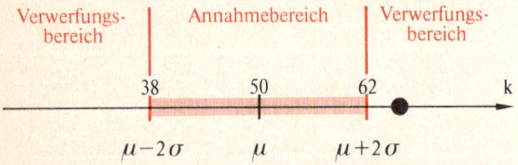

Verwerfungs-bereich	Annahmebereich	Verwerfungs-bereich
38	50	62
$\mu - 2\sigma$	μ	$\mu + 2\sigma$

Die Wahrscheinlichkeit für eine falsche Entscheidung (hier 4,5%) wird als **Irrtumswahrscheinlichkeit** bezeichnet. Der Bereich außerhalb der 2σ- (gegebenenfalls auch der 3σ-) Umgebung heißt **Verwerfungsbereich,** da wir eine Hypothese verwerfen (als falsch ansehen), wenn der Versuchsausgang in diesem Bereich liegt.

Ü 1

Kann man die Hypothese in Aufgabe **1** auch mit einer Irrtumswahrscheinlichkeit von 0,3% verwerfen?

Ü 2

Eine Münze wird 130mal geworfen. Man zählt 80mal Wappen.

Prüfe die Hypothese *Die Wahrscheinlichkeiten für die beiden möglichen Ausgänge sind gleich*!

Aufgabe 2:

Jemand behauptet, daß bestimmte Münzen eher zu der Seite hin fallen, auf der das Wappen ist (d. h., daß *Zahl* oben liegt), weil der Schwerpunkt der Münze wegen der verschiedenartigen Oberflächen zur Wappenseite hin verschoben sei.

Man wirft eine solche Münze 500mal und hat dabei 271mal Zahl.

Beweist dies die Behauptung?

Lösung:

Sei p die Wahrscheinlichkeit für *Zahl*.

Es wird behauptet $p \neq 0{,}5$.

Wir prüfen, ob der Stichprobenausgang mit $p = 0{,}5$ verträglich ist.

Für $p = 0{,}5$ erhalten wir $\mu = 250$ und $\sigma = 11{,}2$.

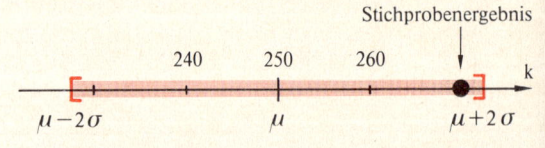

Stichprobenergebnis

240   250   260
$\mu - 2\sigma$ μ $\mu + 2\sigma$

Der Stichprobenausgang ist mit $p = 0{,}5$ verträglich: er liegt im sogenannten **Annahmebereich** der Hypothese $p = 0{,}5$.

Man kann nichts entscheiden: Die Münze könnte auch symmetrisch sein. Man muß gegebenenfalls die Versuchsreihe fortsetzen.

Vorgehen beim Testen von Hypothesen

Man hat eine Vermutung oder Behauptung, die man beweisen will. Diese Hypothese bezeichnen wir mit H_1.

Man prüft dann, ob das Gegenteil (die Negation) von H_1 (Bezeichnung: Hypothese H_0) mit dem Stichprobenergebnis verträglich ist.

1. Fall: Das Stichprobenergebnis ist nicht mit der Hypothese H_0 verträglich.

Man wird dann H_0 verwerfen und H_1 annehmen.

2. Fall: Das Stichprobenergebnis ist mit der Hypothese H_0 verträglich (d. h. das Stichprobenergebnis liegt im Annahmebereich von H_0).

H_0 ist damit nicht bewiesen, aber auch H_1 nicht widerlegt.

Beispiele:

In Aufgabe **1** liegt der 1. Fall vor:

H_1 (Vermutung):
Der Würfel ist nicht in Ordnung, d. h. $p \neq \frac{1}{6}$.

H_0 (Negation von H_1):
Der Würfel ist in Ordnung, d. h. $p = \frac{1}{6}$.

Das Stichprobenergebnis ist nicht verträglich mit der Hypothese H_0 ($p = \frac{1}{6}$).

Also wird H_0 verworfen und H_1 angenommen.

In Aufgabe **2** liegt der 2. Fall vor:

H_1 (Vermutung):
Die Münze ist nicht symmetrisch, d. h. $p \neq 0{,}5$.

H_0 (Negation von H_1):
Die Münze ist symmetrisch, d. h. $p = 0{,}5$.

Das Stichprobenergebnis ist verträglich mit der Hypothese H_0 ($p = 0{,}5$).

Man kann nichts entscheiden.

Das Vorgehen beim Testen von Hypothesen ähnelt dem Verfahren des *indirekten Beweises*:

Wenn es gelingt, einen Widerspruch zu erzeugen, dann gilt die Hypothese als widerlegt und wird verworfen. Findet man keinen Widerspruch, dann kann man nichts entscheiden.

Ein wesentlicher Unterschied besteht jedoch:

Beim Verwerfen einer Hypothese kann man sich irren – der Widerspruch beim indirekten Beweis ist dagegen logisch eindeutig; die Irrtumswahrscheinlichkeit beträgt 0%.

Ü 3

Ein Losverkäufer behauptet, daß 25% der Lose aus seiner Lostrommel Gewinne seien.

Man beobachtet, daß unter 64 verkauften Losen nur 10 Gewinnlose sind.

Hat der Losverkäufer die Wahrheit gesagt?

Ü 4

Nach amtlichen Angaben haben PKW einer bestimmten Marke einen Marktanteil von 31%. In einer Zufallsstichprobe vom Umfang 750 findet man 261 PKW von dieser Marke.

Hat sich der Marktanteil verändert?

Ü 5

Nach Angaben eines Marktforschungsinstituts ist in 42% der Haushalte ein Farbfernsehgerät vorhanden. Aufgrund von anderen Untersuchungen weiß man, daß es nur 37% sind.

Es stellt sich heraus, daß das Institut die Umfrage telefonisch in 650 Haushalten durchgeführt hat.

Ist diese Befragungsmethode brauchbar?

Ü 6

Von einer Maschine werden zwei gleichartige grobkörnige chemische Substanzen gemischt. Zur Kontrolle der Mischung werden mit einem kleinen Gefäß stichprobenweise Körner entnommen. Ungewöhnliche Abweichungen vom Erwartungswert weisen auf eine schlechte Mischung hin.

Die Mischung soll 20% der einen und 80% der anderen Substanz enthalten. In einer Stichprobe findet man 43 Körner der ersten und 115 der zweiten Substanz (17 der ersten, 110 der zweiten).

Prüfe, ob die Stichprobe auf eine ungenügende Mischung hinweist!

Einseitige Hypothesentests

Aufgabe 3:

Unter 2380 Personen, die an einem Magenkarzinom erkrankten, hatten 1109 Blutgruppe A. Diese Blutgruppe ist jedoch in der betreffenden Bevölkerungsgruppe nur bei 42,5% der Personen vorhanden.

Sind Personen mit Blutgruppe A gefährdeter als andere Personen?

Lösung:

Hier interessiert nur, ob die Abweichung nach oben ungewöhnlich ist.

Sei p die Wahrscheinlichkeit dafür, daß eine an einem Magenkarzinom erkrankte Person Blutgruppe A hat.

Wir *vermuten*, daß p > 0,425 ist (Hypothese H_1).

Wir prüfen, ob das Stichprobenergebnis mit
p = 0,425 (Personen mit Blutgruppe A sind genauso gefährdet wie andere Personen) oder
p < 0,425 (Personen mit Blutgruppe A sind weniger gefährdet als andere Personen)

verträglich ist (Hypothese $H_0 : p \leq 0,425$).

Für p = 0,425 ergibt sich: $\mu = 1011,5$; $\sigma = 24,1$.

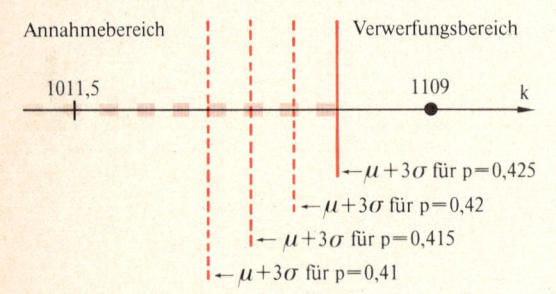

```
Annahmebereich          Verwerfungsbereich
1011,5                      1109
  |———————————|—————|————————•————— k
                    |
                    ←μ+3σ für p=0,425
                   ←μ+3σ für p=0,42
                  ←μ+3σ für p=0,415
                 ←μ+3σ für p=0,41
```

Das Ergebnis der Stichprobe liegt oberhalb von $\mu + 3\sigma$.

Für p < 0,425 ergibt sich ein kleinerer Wert für μ und ein kleinerer Wert für σ. Für solche p gilt erst recht: Das Ergebnis der Stichprobe liegt oberhalb von $\mu + 3\sigma$.

Wir nennen eine solche Abweichung vom Erwartungswert **hochsignifikant**.

Den Versuchsausgängen oberhalb *und* unterhalb der 3σ-Umgebung um μ kommt eine Wahrscheinlichkeit von ca. 0,3% zu; den Ausgängen oberhalb von $\mu + 3\sigma$ eine Wahrscheinlichkeit von ca. 0,15%. Wir begehen also mit einer Wahrscheinlichkeit von höchstens 0,15% einen Fehler, wenn wir die Hypothese $p \leq 0,425$ verwerfen!

Ein solcher Test wird **einseitiger Hypothesentest** genannt: Im Unterschied zum zweiseitigen Test (vgl. Aufgabe **1** – dort betrachteten wir die Bereiche oberhalb *und* unterhalb der 2σ-Umgebung) interessiert hier nur einer der beiden Bereiche.

Die zugehörige Irrtumswahrscheinlichkeit ist wegen der Symmetrie der Verteilung halb so groß wie die von zweiseitigen Tests.

Einseitige Tests sind immer dann angebracht, wenn wir die Hypothese testen, daß eine Merkmalsausprägung häufiger (oder seltener) als erwartet auftritt.

Ü 7

a) Ist es sinnvoll, in Aufgabe **1** bzw. Aufgabe **2** einen einseitigen Test durchzuführen?

Formuliere die Vermutung (H_1) und die zu testende Hypothese (H_0)!

b) Verfahre wie in a) bei den Übungen **Ü 2 – Ü 6**!

Ü 8

Unter 1728 Personen, die wegen eines Magengeschwürs behandelt wurden, hatten 679 Blutgruppe 0 (Bevölkerungsanteil 36,5%).

Ist die Abweichung signifikant?

Ü 9

Unter 822 Patienten mit einem Karzinom der Bauchspeicheldrüse hatten 387 Blutgruppe A (Bevölkerungsanteil 42,5%).

Ist die Abweichung signifikant?

Ü 10

3 Monate nach einer Wahl, in der die Regierungspartei 51% der Stimmen erhielt, wird eine Umfrage unter 800 Personen durchgeführt. 382 geben an, daß sie wieder die Regierungspartei wählen würden, wenn am nächsten Sonntag Wahlen wären.

Hat die Regierungspartei die mehrheitliche Unterstützung der Bevölkerung verloren?

Ü 11

24 von 300 geprüften Packungen haben Untergewicht. Zulässig ist dies nur bei maximal 5% der Produktion.

Liegt ein Betrugsversuch vor?

Hypothesentest und Konfidenzintervalle

Aufgabe 4:

Ein Kandidat einer Partei läßt in seinem Wahlkreis eine Umfrage durchführen, um zu erfahren, wie viele Stimmen er voraussichtlich erhalten wird. Von 320 Befragten geben 168 an, ihn wählen zu wollen.

a) Wird er die absolute Mehrheit der Stimmen im Wahlkreis erreichen?

b) Aus innerparteilichen Gründen wäre es für ihn wichtig, sein letztes Wahlergebnis – 48,2% der Stimmen – zu übertreffen.

   Wird er es schaffen?

c) Für eine Direktwahl genügen erfahrungsgemäß 46,5% der Stimmen.

   Kann er mit dem Direktmandat rechnen?

Welche Möglichkeiten haben wir, diese Fragen zu klären? Nach welcher Methode erhält man die umfassendsten Informationen?

Lösung:

Die drei Teilaufgaben kann man als Hypothesentests auffassen. Hierzu muß man prüfen, ob das Stichprobenergebnis verträglich ist mit

a) $p \leq 0{,}5$,   b) $p \leq 0{,}482$,   c) $p < 0{,}465$.

Alle Erfolgswahrscheinlichkeiten, die mit dem Stichprobenergebnis verträglich sind, erhält man, wenn man ein Konfidenzintervall für p bestimmt:

$$\left|p - \tfrac{168}{320}\right| \leq 2\sqrt{\frac{p(1-p)}{320}}$$

Nach der Näherungsmethode ergibt sich:

$0{,}469 \leq p \leq 0{,}581$

D. h. der Kandidat kann aufgrund des Stichprobenergebnisses zwar damit rechnen, das Direktmandat zu erringen (Irrtumswahrscheinlichkeit höchstens 2,25%) – über die Hypothese für höhere Stimmanteile kann man nichts entscheiden.

> Das Ergebnis einer Stichprobe läßt sich nach zwei Methoden auswerten:
> - Man testet Hypothesen über interessierende Erfolgswahrscheinlichkeiten.
> - Man bestimmt alle mit dem Stichprobenergebnis verträglichen Erfolgswahrscheinlichkeiten.

Das Bestimmen von Konfidenzintervallen ist dabei die umfassendere Methode: Da alle mit dem Stichprobenergebnis verträglichen Erfolgswahrscheinlichkeiten bestimmt werden, lassen sich Aussagen über alle möglichen Hypothesen machen.

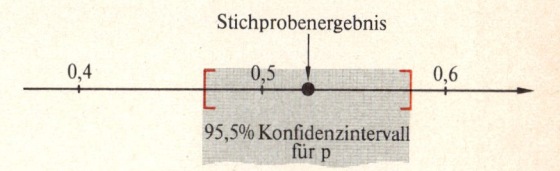

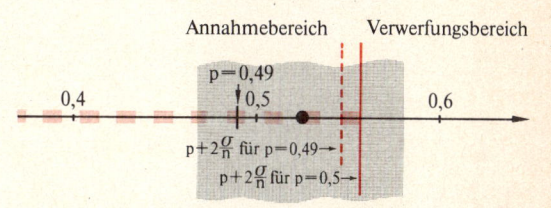

95,5% Konfidenzintervall für p

Annahme- und Verwerfungsbereich der Hypothese $p \leq 0{,}5$
Man kann nichts entscheiden.

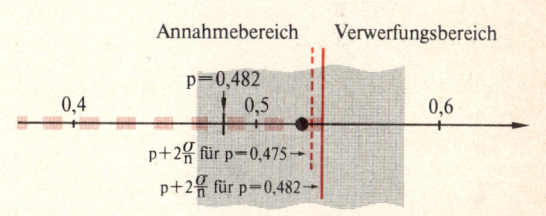

Annahme- und Verwerfungsbereich der Hypothese $p \leq 0{,}482$
Man kann nichts entscheiden.

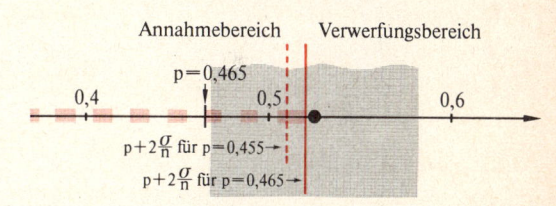

Annahme- und Verwerfungsbereich der Hypothese $p < 0{,}465$
Die Hypothese wird verworfen.

Liegt eine Erfolgswahrscheinlichkeit nicht im Konfidenzintervall (z. B. $p = 0{,}465$ in Aufgabe **4**), dann wird die zugehörige Hypothese verworfen.

Liegt eine Erfolgswahrscheinlichkeit im Konfidenzintervall (z. B. $p = 0{,}5$ in Aufgabe **4**), dann kann man über die Hypothese nichts entscheiden.

Für $0{,}3 < p < 0{,}7$ ist es besonders einfach, ein Konfidenzintervall zu bestimmen – es ist der gleiche Aufwand notwendig wie bei der Bestimmung von Annahme- und Verwerfungsbereich *einer* Hypothese. Hier ist die umfassendere Methode (Konfidenzintervall) dem Hypothesentest vorzuziehen.

Fehler beim Testen von Hypothesen

Aufgabe 5:

Aus der Konkursmasse einer Eisenwarenfirma soll ein Restposten Schrauben versteigert werden. Der ehemalige Firmeninhaber behauptet, 80% seien in Ordnung.

Ein Interessent greift in verschiedene Kisten hinein und nimmt insgesamt 84 Schrauben heraus. Aufgrund des Anteils in dieser Stichprobe will er seine Entscheidung fällen.

a) Formuliere eine **Entscheidungsregel**:

Ab welcher Anzahl defekter Schrauben kann die Behauptung des Verkäufers als widerlegt angesehen werden?

Stelle Annahme- und Verwerfungsbereich dar!

b) Der Interessent findet 61 brauchbare (und 23 defekte) Schrauben in der Stichprobe.

Zeige, daß dieses Ergebnis auch mit der Erfolgswahrscheinlichkeit 0,65 verträglich ist!

Beschreibe die Art des Fehlers, der hier unterlaufen kann!

Lösung:

a) *Vermutung*: Der Verkäufer nennt einen zu hohen Wert für den Anteil brauchbarer Schrauben, d. h. die Erfolgswahrscheinlichkeit für das Ziehen einer brauchbaren Schraube ist in Wirklichkeit kleiner als 0,8.

Wir prüfen, welche Stichprobenausgänge mit der angegebenen Erfolgswahrscheinlichkeit $p \geq 0{,}8$ (Hypothese H_0) verträglich sind.

Für $p = 0{,}8$ und $n = 84$ ist:

$\mu = 67{,}2$ und $\sigma = 3{,}67$, also: $\mu - 2\sigma = 59{,}9$,

d. h. $P(X \geq 59{,}9) = 0{,}977$.

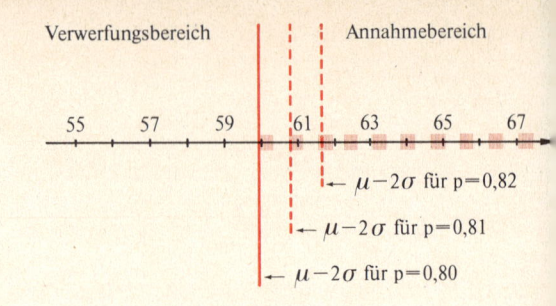

Für größeres p ist $\mu - 2\sigma$ größer als 59,9.

Die Entscheidungsregel lautet also:

Findet der Kaufinteressent 59 oder weniger brauchbare Schrauben (findet er 25 oder mehr defekte Schrauben), dann kann er die Hypothese $p \geq 0{,}8$ mit einer Irrtumswahrscheinlichkeit von ca. 2,3% verwerfen.

b) Für $p = 0{,}65$ und $n = 84$ ist:

$\mu = 54{,}6$ und $\sigma = 4{,}37$, also $\mu + 2\sigma = 63{,}3$.

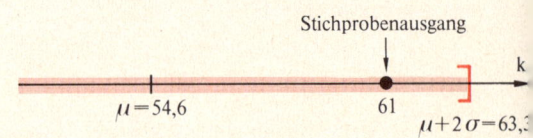

Der Versuchsausgang liegt im *Annahmebereich* der Hypothese $p \geq 0{,}8$; dennoch liegt dem Zufallsversuch eine geringere Erfolgswahrscheinlichkeit zugrunde.

Folgt man der Entscheidungsregel aus a), dann wird die Hypothese $p \geq 0{,}8$ nicht verworfen, obwohl sie falsch ist.

Der Fehler, eine falsche Hypothese nicht zu verwerfen, wird als *Fehler 2. Art* bezeichnet.

Beim Testen von Hypothesen entscheiden wir aufgrund eines Stichprobenergebnisses: Wir verwerfen die Hypothese, oder wir verwerfen sie nicht. Dabei können Fehler unterlaufen:

	Hypothese wird nicht verworfen	Hypothese wird verworfen
Hypothese wahr	Entscheidung richtig	Entscheidung falsch **(Fehler 1. Art)**
Hypothese falsch	Entscheidung falsch **(Fehler 2. Art)**	Entscheidung richtig

Ü 12

a) Ein Würfel wird auf seine Echtheit geprüft. Beschreibe Fehler 1. und 2. Art!

b) Ein Arzneimittel wird getestet, das die Überlebenschancen eines Patienten verbessern soll.

Ist ein ein- oder ein zweiseitiger Test angemessen? Beschreibe Fehler 1. und 2. Art! Welcher ist der schwerwiegendere?

c) Eine Ware wird vor der Auslieferung aus der Fabrik bzw. bei der Annahme in einem Geschäft geprüft. Was sind hier Fehler 1. und 2. Art?

Das mit der Entscheidung eines Hypothesentests verbundene Risiko heißt entsprechend *Risiko 1.* bzw. *2. Art.* Überlege, welches Risiko man als *Produzentenrisiko*, welches als *Konsumentenrisiko* bezeichnet!

d) Eine Partei will durch eine Befragung herausfinden, ob durch einen intensiven Wahlkampf ihre Wählerschaft aktiviert werden muß.

Beschreibe Fehler 1. und 2. Art!

e) Jemand möchte auf einem zugefrorenen See Schlittschuh laufen. Zur Überprüfung der Festigkeit wirft er Steine auf die Eisoberfläche.

Was ist hier der Fehler 1. bzw. 2. Art?

Ü 13

Eine Werbefirma verpflichtet sich gegenüber Waschmittelproduzenten, den Bekanntheitsgrad eines Artikels auf 70% zu heben. Anschließend soll in einer Zufallsstichprobe vom Umfang 500 dies nachgeprüft werden.

Was sind Fehler 1. und 2. Art?

Ü 14

Ein Briefmarkenhändler bietet u. a. eine Packung *1000 Briefmarken Europa* für 50 DM an. Er garantiert, daß mindestens 20% der Briefmarken einen Katalogwert von 0,30 DM und mehr haben. Man kann die Packung vor dem Kauf nicht öffnen.

Durch Schütteln der Packung erkennt man insgesamt 72 Briefmarken.

a) Formuliere eine Entscheidungsregel! (Selbstgewählte Irrtumswahrscheinlichkeit)

b) Von den 72 Briefmarken haben 10 einen Katalogwert von 0,30 DM und mehr.

Beschreibe den Fehler 2. Art! Gib Erfolgswahrscheinlichkeiten an, die mit dem Stichprobenergebnis verträglich sind!

Ü 15

Ein Arzneimittelhersteller wirbt für ein neues Medikament mit dem Hinweis, daß es – im Vergleich zu Medikamenten anderer Hersteller – besser verträglich sei: Nur bei 10% der Patienten würden Allergien auftreten.

In einer Klinik wird das Medikament 114 Patienten gegeben.

a) Formuliere eine Entscheidungsregel! (Welche Irrtumswahrscheinlichkeit ist angemessen?)

b) Bei 17 Patienten zeigen sich Allergien.

Was läßt sich über die Verträglichkeit des Medikaments sagen?

c) In einem Test mit 135 Patienten zeigen nur 12 allergische Reaktionen.

Beweist dies die Angabe des Herstellers?

Ü 16

Einem Elektrohändler werden Kartons mit Glühbirnen günstig angeboten. Die Kartons und ein Teil der Glühbirnen wurden bei einem Unfall beschädigt.

Für den Händler wäre der Kauf vorteilhaft, wenn mehr als 70% der Glühbirnen in Ordnung sind.

Er entnimmt zufällig 60 Glühbirnen und prüft sie.

a) Formuliere eine Entscheidungsregel: Bis zu welcher Anzahl beschädigter Glühbirnen sollte der Händler kaufen? (Selbstgewählte Irrtumswahrscheinlichkeit)

b) In der Stichprobe sind 47 der 60 Glühbirnen in Ordnung. Gib Erfolgswahrscheinlichkeiten an, die zwar mit dem Stichprobenergebnis verträglich sind, aber für den Händler ungünstig sind!

c) In der Stichprobe sind 38 der 60 Glühbirnen in Ordnung. Der Händler nimmt das Angebot nicht an. Könnte es sein, daß der Kauf dennoch für ihn günstig gewesen wäre?

3.3. Der notwendige Umfang einer Stichprobe

Mit dem Stichprobenumfang wächst auch die Genauigkeit der Schätzung. Eine Grundfrage ist:

Welcher Stichprobenumfang ist notwendig, damit man eine Erfolgswahrscheinlichkeit (einen Anteil) auf ...% genau schätzen kann?

Aufgabe 1:
Bei Befragungen über die Ausstattung von Haushalten will man die Ergebnisse mit einer Genauigkeit von 3% haben, d. h. die Abweichung des Stichprobenergebnisses vom wirklichen Anteil in der Gesamtheit soll höchstens 3% betragen (mit einer Sicherheitswahrscheinlichkeit von 95,5%).

a) Welcher Stichprobenumfang ist notwendig, wenn der Anteil p (die Erfolgswahrscheinlichkeit) ungefähr 0,2 ist?

b) Welcher Stichprobenumfang ist notwendig für $p=0{,}05$; $p=0{,}1$; $p=0{,}2$;...; $p=0{,}9$; $p=0{,}95$?

c) Stelle die Abhängigkeit des Stichprobenumfangs n vom Anteil p in einem Schaubild dar!

d) Welcher Stichprobenumfang ist notwendig, wenn nichts über den Anteil p bekannt ist?

Lösung:
Eine Abweichung der relativen Häufigkeit in der Stichprobe von der Erfolgswahrscheinlichkeit beträgt höchstens 3% (mit einer Sicherheitswahrscheinlichkeit von 95,5%), wenn gilt:

$$\left|\frac{X}{n}-p\right|\leq 2\frac{\sigma}{n}\leq\frac{3}{100}$$

a) Für $p=0{,}2$ ist:

$$2\frac{\sigma}{n}=2\cdot\sqrt{\frac{0{,}2\cdot 0{,}8}{n}}$$

Die Bedingung ist erfüllt, wenn

$$2\sqrt{\frac{0{,}2\cdot 0{,}8}{n}}\leq\frac{3}{100}$$

Wir lösen die Ungleichung durch Quadrieren:

$$4\cdot\frac{0{,}2\cdot 0{,}8}{n}\leq\frac{9}{10000}$$

$$\Leftrightarrow n\geq\frac{10000\cdot 4\cdot 0{,}2\cdot 0{,}8}{9}$$

$$\Leftrightarrow n\geq 711{,}1$$

d. h. $n\geq 712$.

b) Nach einer Rechnung wie in a) erhält man:

Anteil p	notw. Stichprobenumfang n	Anteil p	notw. Stichprobenumfang n
0,05	212	0,6	1067
0,1	400	0,7	934
0,2	712	0,8	712
0,3	934	0,9	400
0,4	1067	0,95	212
0,5	1112		

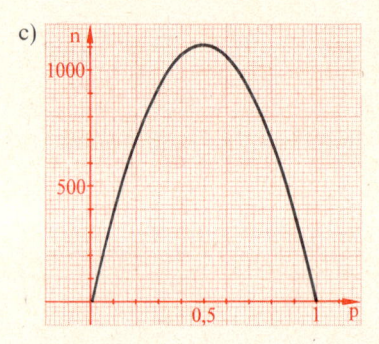

c)

d) Ist nichts über den Anteil p bekannt, dann muß man von dem *ungünstigsten* Wert ($p=0{,}5$) ausgehen, also $n\geq 1112$ wählen.

Ü 1
Welchen Stichprobenumfang muß man in Aufgabe 1 a), d) wählen, um die Ergebnisse auf 2% (1%) genau zu erhalten?

Ü 2
Bestimme den notwendigen Umfang einer Stichprobe, wenn bekannt ist, daß für p gilt:

a) $p\approx 0{,}6$ b) $p\approx 0{,}1$

(Genauigkeit der Schätzung: 1%)

Ü 3
Bestimme den notwendigen Stichprobenumfang für den Fall, daß bei einer Befragung vor einer Wahl

a) die Anteile zweier Parteien jeweils ungefähr 50% betragen (Genauigkeit: 0,5%),

b) der Anteil einer Partei bei 5% liegt (Genauigkeit: 0,2%).

(Sicherheitswahrscheinlichkeit je 99,7%)

Ü 4

Stelle in einem p-n-Koordinatensystem dar, welchen Stichprobenumfang n man wählen muß, damit die relative Häufigkeit der Stichprobe höchstens 1% (2%) von der Erfolgswahrscheinlichkeit p abweicht – bei einer Sicherheitswahrscheinlichkeit von 95,5% (99,7%)!

Ü 5

Bei der Befragung zu einer Wahl gaben 51,3% an, eine bestimmte Partei zu wählen.

Wie groß muß der Umfang der Stichprobe sein, damit man aus diesem Stichprobenergebnis mit einer Sicherheitswahrscheinlichkeit von 99,7% (95,5%) ablesen kann, daß diese Partei die absolute Mehrheit der Stimmen erhält?

Ü 6

Bei einer Meinungsumfrage stimmten 53,4% einer vorgegebenen Meinung zu, die übrigen lehnten sie ab.
Wie groß muß der Umfang der Stichprobe sein, damit behauptet werden kann, die Mehrheit der Bevölkerung vertrete diese Meinung? (Sicherheitswahrscheinlichkeit 95,5% oder 99,7%)

Liegt der Anteil einer Merkmalsausprägung in einer Gesamtheit deutlich unter oder über 50%, dann genügen für Untersuchungen mit vorgegebenen Genauigkeiten geringere Stichprobenumfänge als dies für 50%-Anteile notwendig ist.

Daher empfiehlt es sich, kleine Voruntersuchungen zu machen, um eine grobe Information über die Größenordnung von p zu erhalten.

Aufgabe 2:

Man will den Anteil einer Merkmalsausprägung in der Grundgesamtheit mit 1% Genauigkeit bestimmen. (Sicherheitswahrscheinlichkeit 95,5%)

a) Welcher Stichprobenumfang ist erforderlich, wenn nichts über den Anteil bekannt ist?
b) Aus einer Voruntersuchung vom Umfang 300 weiß man, daß der Anteil ungefähr bei 0,75 liegt. Bestimme den notwendigen Umfang der Stichprobe für die Hauptuntersuchung!
c) Wie verringert sich prozentual der Stichprobenumfang bei b) gegenüber a)?

Lösung:

a) Wenn man nichts über den Anteil p weiß, muß man mit dem ungünstigsten Fall rechnen:

$$2\frac{\sigma}{n} \approx 2\sqrt{\frac{0,5 \cdot 0,5}{n}} \leq 0,01$$

Der notwendige Stichprobenumfang ist dann:

$$n \geq 10000$$

b) Ist $p \approx 0,75$, dann ergibt sich aus

$$2\frac{\sigma}{n} \approx 2\sqrt{\frac{0,75 \cdot 0,25}{n}} \leq 0,01 \ :$$

$$n \geq 7500$$

c) In b) sind Vor- und Hauptuntersuchung Stichproben vom Gesamtumfang 7800 notwendig. Dies ist eine Ersparnis von 22% gegenüber a)!

Ü 7

Bestimme wie in Aufgabe 2 die prozentuale Ersparnis für den Fall, daß der Anteil ungefähr bei
a) 0,4 b) 0,95, c) 0,1 liegt!

Ü 8

a) In einer Voruntersuchung vom Umfang 200 trat eine Merkmalsausprägung mit der absoluten Häufigkeit X = 22 auf.

Schätze den notwendigen Umfang der Stichprobe in der Hauptuntersuchung!

(Genauigkeit der Hauptuntersuchung 2%; Sicherheitswahrscheinlichkeit 95,5%)

b) Die Hauptuntersuchung wurde mit dem Stichprobenumfang n = 1000 durchgeführt. Hier trat die Merkmalsausprägung mit der absoluten Häufigkeit X = 170 auf.

Sind die Ergebnisse von Vor- und Hauptuntersuchung miteinander verträglich?

Hatte die Hauptuntersuchung wirklich den notwendigen Stichprobenumfang?

c) Wie kann man den in b) auftretenden Fehler vermeiden?

d) Welcher notwendige Stichprobenumfang ergibt sich dann, wenn bei einer Voruntersuchung vom Umfang 200 die betrachtete Merkmalsausprägung 45mal (136mal) auftritt?

Hinweis: Beachte die Ergebnisse aus a) bis c)!

Mindest- (Höchst-) Zahl von Erfolgen

Mit dem Stichprobenumfang wächst auch die Anzahl der Erfolge. Eine Grundfrage ist:

Welcher Stichprobenumfang ist notwendig, damit (bei vorgegebener Erfolgswahrscheinlichkeit) mindestens (höchstens)...Erfolge eintreten?

Aufgabe 3:
a) Ein Meinungsforschungsinstitut will eine Befragung durchführen. Wie viele von 1200 ausgesuchten Personen können befragt werden, wenn erfahrungsgemäß nur 82% der ausgesuchten Personen angetroffen werden?

Mit welcher Wahrscheinlichkeit werden weniger als 958 Personen angetroffen?

b) Wie viele Personen müssen ausgesucht werden, wenn die Stichprobe mindestens vom Umfang 1000 sein soll?
(Sicherheitswahrscheinlichkeit > 95,5%)

Lösung:
a) Die Wahrscheinlichkeit für einen Erfolg (*Die ausgesuchte Person wird angetroffen*) ist 0,82.
Es gilt daher mit 95,5% Wahrscheinlichkeit:

$\mu - 2\sigma \leq X \leq \mu + 2\sigma$

$\mu = 984$, $\sigma = 13{,}3$, also: $958 \leq X \leq 1010$.

Wegen der Symmetrie der Verteilung werden mit einer Wahrscheinlichkeit von ca. 2,3% weniger als 958 Personen angetroffen.

b) Wegen der Mindestforderung gilt für den Stichprobenumfang n:

$$\mu - 2\sigma \geq 1000$$

d. h. $\quad n \cdot p - 2\sqrt{n \cdot p \cdot q} \geq 1000$

Hier: $0{,}82n - 2\sqrt{n \cdot 0{,}82 \cdot 0{,}18} \geq 1000$

Umformung der Ungleichung (quadratische Ungleichung mit der Variablen $\sqrt{n}$) ergibt:

$\quad\quad\quad\quad n - 0{,}94\sqrt{n} \geq 1219{,}51$

$\Leftrightarrow \quad (\sqrt{n} - 0{,}47)^2 \geq 1219{,}73$

$\Leftrightarrow \quad |\sqrt{n} - 0{,}47| \geq 34{,}92$

$\Leftrightarrow \quad\quad\quad\quad \sqrt{n} \geq 35{,}39$

$\Leftrightarrow \quad\quad\quad\quad\quad n \geq 1252{,}45$

d. h. $\quad\quad\quad\quad\quad\quad n \geq 1253$.

Wie in a) gilt diese Aussage mit einer Sicherheitswahrscheinlichkeit von ca. 97,7%.

Ü 9
a) Bearbeite das Problem von Aufgabe **2** b) für eine Sicherheitswahrscheinlichkeit von 99,85%!

b) Wie viele Personen müssen ausgesucht werden, damit eine Umfrage von mindestens 2000 Personen durchgeführt werden kann?
(Sicherheitswahrscheinlichkeit 97,7% bzw. 99,85%)

Ü 10
Jemand braucht 400 Schrauben. Eine Schraube sei mit Wahrscheinlichkeit 0,1 defekt.

Wie viele Schrauben muß man bestellen, damit man mit 97,7% Wahrscheinlichkeit genügend gute Schrauben hat?

Ü 11
Jemand braucht 96 Polsternägel, um mehrere Sessel neu zu beziehen.

Wie viele Nägel sollten gekauft werden, wenn erfahrungsgemäß 15% (25%) der Nägel beim Einklopfen verbogen werden und nicht mehr zu gebrauchen sind?
(Sicherheitswahrscheinlichkeit 97,7%)

Ü 12
Ein Reiseunternehmer nimmt 400 Buchungen für ein Feriendorf mit 360 Betten an, da erfahrungsgemäß 10% der Buchungen wieder rückgängig gemacht werden.

a) Mit welcher Wahrscheinlichkeit hat er zu viele Buchungen angenommen?

b) Wie viele Buchungen hätte er annehmen dürfen, wenn er das Risiko der Überbelegung nur in 0,15% der Fälle eingehen will?

Ü 13

10% der Flugbuchungen einer Luftverkehrsgesellschaft werden nicht wahrgenommen.

a) Mit welcher Belegung kann die Deutsche Lufthansa rechnen, wenn zunächst eine bestimmte Flugverbindung ausgebucht war? (Sicherheitswahrscheinlichkeit 99,7%)

b) 15% der ursprünglichen Buchungen müssen kurzfristig geändert werden. Wie viele der ursprünglichen Buchungen für Flüge mit den unten genannten Typen werden wahrgenommen?

c) Wie viele Flugbuchungen könnte die Lufthansa für die verschiedenen Flugzeugtypen zunächst annehmen, wenn man in Kauf nehmen will, daß in 0,15% der Flüge zuwenig Sitzplätze zur Verfügung stehen?

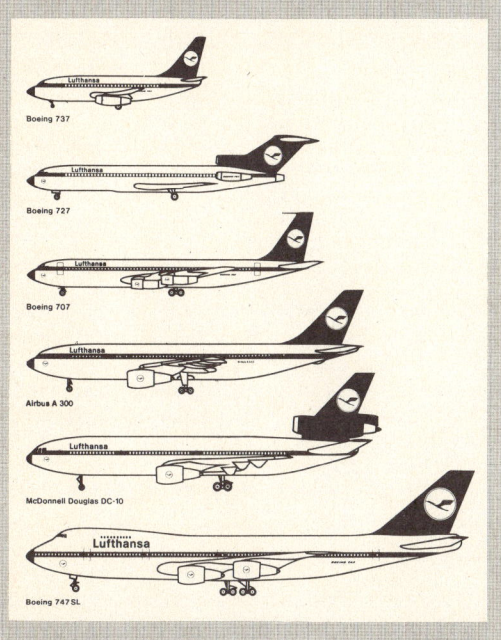

Kapazitäten (Sitzplätze) der Verkehrsflugzeuge der Deutschen Lufthansa

Flugzeugtyp	normale Version	große Version
Boeing 737	90	103
Boeing 727	109	146
Boeing 707	144	—
Airbus A 300	249	—
McDonnell Douglas DC 10	212	265
Boeing 747	270	400

(Quelle: Deutsche Lufthansa, 1979)

Ü 14

In einer Werkskantine können mittags bis zu 600 Essen hergestellt werden. Erfahrungsgemäß essen 80% (65%) der Betriebsangehörigen in der Kantine.

Wie viele Werksangehörige darf die Firma haben, damit die Anzahl der zur Verfügung stehenden Portionen mit einer Sicherheitswahrscheinlichkeit von 99,85% ausreicht?

Ü 15

Ein Konzertsaal faßt 720 Personen. Erfahrungsgemäß werden nur 85% der vorbestellten Karten auch abgeholt. Bestellungen werden in der Reihenfolge des Eingangs berücksichtigt.

Bis zu welchem Platz in dieser Warteliste besteht noch Aussicht auf Erfolg?

Ü 16

Eine Firma möchte die *Geburtstagskinder* besonders ehren und deren Fotos in der Woche, in der der Geburtstag ist, in der Betriebskantine aufhängen.

Wie viele Angestellte darf die Firma haben, wenn 30 Fotos aufgehängt werden können?

(Sicherheitswahrscheinlichkeit 97,7%)

4. Anwendungsaufgaben

4.1. Meinungsbefragungen und Wahlprognosen

Es vergeht kein Tag in der Woche, an dem nicht in Presse, Rundfunk oder Fernsehen Ergebnisse von Befragungen veröffentlicht werden.

Die Untersuchungen der Markt- und Meinungsforscher beziehen sich auf unterschiedliche Bereiche:

Man kann etwas erfahren

- über die Meinungen, die zu bestimmten politischen Themen vertreten werden,
- über Besitzstand und Konsumgewohnheiten,
- über den Ausgang einer bevorstehenden Wahl,
- über menschliches Verhalten.

Uns interessiert an diesen Ergebnissen von Erhebungen insbesondere:

Wie *genau*, wie sicher sind die Angaben?

Lassen sich bestimmte Mehrheitsaussagen auch statistisch halten?

Sind Unterschiede in verschiedenen Bevölkerungsgruppen statistisch *nachweisbar*?

Sagen die Befragten die Wahrheit?

Ist die Befragung wirklich ein *Zufallsversuch*?

Aufgabe:

Im Dezember 1978 und Januar 1979 streikten Arbeitnehmer der Metallindustrie in Nordrhein-Westfalen, Bremen und Osnabrück 6 Wochen lang für eine Verkürzung der Arbeitszeit. Das Angebot der Arbeitgeber sah dagegen eine Verlängerung des Jahresurlaubs vor.

Der Arbeitskampf war einer der längsten in der deutschen Nachkriegsgeschichte.

> **Was die Basis wirklich will**
>
> **Die IG Metall streikt für kürzere Arbeitszeit – doch die Bevölkerung möchte mehr Urlaub**
>
> In der Stahlindustrie wird mit schweren Säbeln gefochten: Mit Streik und Aussperrung kämpfen Gewerkschaften und Arbeitgeber um eine Verkürzung der wöchentl-

(Quelle: DIE ZEIT vom 8.12.78 und vom 15.12.78)

Im Auftrag der Wochenzeitschrift DIE ZEIT befragte das Allensbacher Institut 500 Nordrhein-Westfalen nach ihrer Meinung, darunter waren 265 berufstätige Arbeitnehmer; von diesen waren 101 Mitglied einer Gewerkschaft:

Die Frage: In der Stahlindustrie wird gestreikt, weil die Gewerkschaften eine Verkürzung der Arbeitszeit auf weniger als 40 Stunden in der Woche fordern. Die Arbeitgeber haben statt dessen eine Verlängerung des Urlaubs auf sechs Wochen für alle angeboten. Wenn Sie zu entscheiden hätten, wofür wären Sie: Verkürzung der Arbeitszeit oder sechs Wochen Urlaub?

Die Antwort:	Gesamtbevölkerung	Gewerkschaftsmitglieder	nicht organisiert
6 Wochen Urlaub	60% *(300)*	50% *(51)*	63% *(103)*
Verkürzung der Wochenarbeitszeit	30% *(150)*	44% *(44)*	26% *(43)*
Unentschieden	10% *(50)*	6% *(6)*	11% *(18)*

(Zahlen in Klammern: absolute Häufigkeiten)

a) Wie genau sind diese Angaben?

b) Im zugehörigen Artikel stand auch:

> Doch selbst Gewerkschaftsmitglieder geben mehrheitlich einem längeren Urlaub den Vorzug. Die geringe Zahl der Unentschiedenen deutet überdies darauf hin, daß diese Frage unter den Kollegen ausdiskutiert worden ist. Die Mehrheit für längeren Urlaub ist also stabil.

Läßt sich die Aussage statistisch halten?

Lösung:

a) 95,5%-Konfidenzintervalle:

	Gesamtbevölkerung	Gewerkschaftsmitglieder	nicht organisiert
6 Wochen Urlaub	0,556 −0,643	0,407 −0,602	0,550 −0,700
Verkürzung der Wochenarbeitszeit	0,261 −0,342	0,341 −0,535	0,200 −0,336
Unentschieden	0,076 −0,130	0,027 −0,125	0,070 −0,168

b) Mit dem Stichprobenergebnis ist sogar das *umgekehrte* Verhältnis (50% für Verkürzung der Wochenarbeitszeit und 44% für 6 Wochen Urlaub) verträglich.

Ü 1

1973 befragte INFAS Arbeitnehmer aus verschiedenen Berufszweigen:

Wenn Sie wählen könnten zwischen einer Verkürzung der wöchentlichen Arbeitszeit (AV) oder einer Verlängerung des Jahresurlaubs (UV): Wofür würden Sie sich entscheiden?

Die Erhebung ergab die folgenden Ergebnisse:

	Personengruppe	Befragte	Anzahl AV	UV	Unentschieden
bis 24 Jahre	Arbeiter	205	55	135	15
bis 24 Jahre	Angestellte und Beamte	213	70	132	11
ab 45 Jahre	Arbeiter	389	97	272	20
ab 45 Jahre	Angestellte	285	77	182	26
ab 45 Jahre	Beamte	95	32	56	7

a) Bestimme 95,5%-Konfidenzintervalle für den Anteil der jüngeren (bis 24 Jahre) bzw. der älteren Arbeitnehmer (ab 45 Jahre), die die Urlaubsverlängerung vorziehen!
Läßt sich ein Meinungsunterschied ablesen?

b) Betrachte die Personengruppe der jüngeren und älteren Arbeiter einerseits und die der jüngeren und älteren Angestellten und Beamten andererseits!
Läßt sich aus den 95,5%-Konfidenzintervallen ein Meinungsunterschied zwischen diesen Personengruppen ablesen?

Ü 2

Von den 29,3 Mio. männlichen und den 32,1 Mio. weiblichen Bürgern verreisten – nach einer Umfrage unter jeweils 500 Männern und Frauen – in der Zeit vom April 1976 bis März 1977 43,6% der männlichen und 44,9% der weiblichen Bevölkerung.

Kann man aufgrund dieser Stichproben sagen, daß die Neigung, Urlaubs- und Erholungsreisen zu unternehmen, bei der weiblichen Bevölkerung ... etwas größer war als bei der männlichen, wie dies in der Veröffentlichung des Bundesamtes zu lesen war?

Ü 3

Die *Zufälligkeit* einer Stichprobe versucht man dadurch zu erreichen, daß verschiedene Merkmale mit ihren Ausprägungen mit den gleichen Anteilen (Quoten) in der Stichprobe wie in der Gesamtheit vertreten sind (vgl. Abbildung auf S. 13).

Nach den Angaben des Statistischen Bundesamtes von 1978 gelten für Personen ab 15 Jahren die folgenden Anteile:

Merkmal	Merkmalsausprägung	Anteil
a) Geschlecht	männlich	46,7%
	weiblich	53,3%
b) Alter	15–29 Jahre	26,8%
	30–44 Jahre	26,9%
	45–64 Jahre	27,7%
	65 Jahre und älter	18,6%
c) Familienstand	verheiratet	63,2%
	ledig	22,3%
	verwitwet	11,2%
	geschieden	3,3%
d) Konfession	evangelisch	49,0%
	katholisch	44,6%
	sonstige	6,4%
e) Schulbildung	noch in Schulausbildung	3,6%
	Volksschule, Hauptschule	74,4%
	Mittlere Reife	14,3%
	Abitur	7,7%
f) Wohnortgröße	unter 2000 Einw.	7,9%
	2000–20000 Einw.	32,3%
	20000–100000 Einw.	25,1%
	über 100000 Einw.	34,7%
g) Bundesland	Schleswig-Holstein	4,2%
	Hamburg	2,7%
	Bremen	1,1%
	Niedersachsen	11,8%
	Hessen	9,0%
	Nordrhein-Westfalen	27,8%
	Rheinland-Pfalz	5,9%
	Saarland	1,8%
	Baden-Württemberg	14,9%
	Bayern	17,6%
	Berlin (West)	3,2%

Mit wie vielen Personen mit den jeweils angegebenen Merkmalsausprägungen kann man in einer Zufallsstichprobe vom Umfang 2000 rechnen?

(Sicherheitswahrscheinlichkeit 95,5%)

Ü 4

INFAS stellte 1973 an Arbeitnehmer die Frage:

War Ihre Ausbildung für Ihre berufliche Tätigkeit von großem Nutzen, oder haben sie damals vieles gelernt, was Sie nachher doch nicht gebrauchen konnten?

2133 beantworteten diese Frage. Hiervon gaben 1495 an, daß der Nutzen groß war (Meinung A); die übrigen hielten den Nutzen für gering.

a) Bestimme ein 95,5%-Konfidenzintervall für den Anteil p in der Gesamtheit aller Arbeitnehmer, die Meinung A vertraten!

b) 618 von 903 Angestellten und 557 von 796 Facharbeitern vertraten Meinung A.

Ist der Unterschied der Anteile in den beiden Bevölkerungsgruppen signifikant?

c) Vergleiche die Daten aus b) mit dem Ergebnis, das die Befragung bei Beamten ergab:

Hier vertraten 180 von 270 die Meinung A.

Ü 5

Durch Befragungen nach Wahlen wollte man feststellen, wie zuverlässig die Angaben sind, die Personen über ihr Wahlverhalten machen.

a) 2400 zufällig ausgesuchte Wähler in 55 Wahlbezirken wurden unmittelbar nach Verlassen des Wahllokals befragt, für welche Partei sie gestimmt hätten (Landtagswahl in Hessen, INFAS, 1978).

	CDU	SPD	FDP
Befragung	45,5%	44,0%	7,0%
Wahlergebnis	46,0%	44,3%	6,6%

Ist das Verfahren brauchbar?

b) Eine Partei A erreichte in einer Wahl die absolute Mehrheit mit 53% der Stimmen.

In einer kurz danach durchgeführten Meinungsumfrage unter 1000 Personen gaben 565 Personen an, die Regierungspartei A gewählt zu haben.

Bestätigt dies, daß Personen nicht zugeben wollen, eine andere Partei gewählt zu haben?

c) In einer Stichprobe unter 1349 Wahlberechtigten behaupteten 1260, sich an der Wahl beteiligt zu haben. Die Wahlbeteiligung betrug 91%.

Bestätigt dies, daß Personen nicht zugeben wollen, nicht gewählt zu haben?

Ü 6

In Befragungen zu Landtags- und Bundestagswahlen der letzten Jahre stellten die Meinungsforschungsinstitute fest, daß mehr Personen angaben, die Bonner Koalitionsparteien SPD und FDP zu wählen, als dies dann der Fall war.

Aus diesem Grund erhöhen die Institute die Befragungsergebnisse für die CDU/CSU und setzen die Werte für SPD und FDP herab.

Das Allensbacher Institut befragte z. B. 1976 (vor der Bundestagswahl) 2000 Personen:

	CDU/CSU	SPD	FDP
Befragungsergebnis	44,9%	45,8%	8,5%
veröffentlichte Prognose	49,2%	43,5%	8,5%
Wahlergebnis	48,5%	42,6%	7,9%

Vergleiche die tatsächlichen Befragungsergebnisse mit den Wahlresultaten! Ist der Unterschied wirklich signifikant?

Ü 7

In verschiedenen Fernsehzeitschriften kann man nachlesen, welche Fernsehsendungen der zurückliegenden Woche die meisten Zuschauer hatten.

Die Zeitschrift *Fernsehwoche* befragt wöchentlich 200 Personen, welche Fernsehsendungen sie in der vergangenen Woche gesehen haben:

Sieger der Woche
Die besten Sendungen vom 17. bis 22. April 1979

Die meisten Zuschauer

1. Rebecca. Hitchcock-Film (ARD), 76% Zuschauer
2. Detektiv Rockford, neuer Krimi: Gewerbe mit goldenem Boden (ARD), 61%
3. Sandokan, 1. und 2. Teil des Abenteuerfilms (ARD), 60%
4. Drei Engel für Charlie, neuer Krimi: Mord-Hotel exclusiv (ZDF), 57%
5. Der Alte, Krimi: Neue Sachlichkeit (ZDF), 52%

(Aus *Fernsehwoche* 19/1979)

a) Schätze den Anteil der Personen, die die genannten Sendungen gesehen haben! (Sicherheitswahrscheinlichkeit 95,5%)

b) Ist die angegebene Reihenfolge gesichert?

Ü 8

Den meisten Veröffentlichungen in Fernsehzeitschriften liegen Erhebungen des Instituts für Teleskopie in Bonn zugrunde.

In 1200 Haushalten mit insgesamt ca. 3000 Personen stehen *Teleskomate*, mit denen die Einschaltzeiten und die Sehbeteiligung des betreffenden Haushalts festgehalten werden.

Die folgenden Angaben beruhen auf Erhebungen dieses Instituts:

TELEMETER
Kino-Woche

Wenn das Fernsehen die Filme nicht hätte! Unter den Spitzenreitern der Woche vom 16. bis 22. 4. sind gleich vier Kino-Produktionen (drei davon sogar Wiederholungen). Und schließlich bot auch „Die große Liebe auf der Leinwand" noch am laufenden Band Ausschnitte aus Spielfilmen.

1. „Der Alte" (ZDF/ 19,83 Millionen Zuschauer)
2. „Rebecca" (ARD/19,68)
3. „Sandokan", 1 (ARD/16,49)
4. „Sandokan", 2 (ARD/15,64)
5. „Ohne ein Morgen" (ZDF/15,12)
6. „Zwei auf gleichem Weg" (ZDF/14,46)
7. „Drei Engel für Charlie" (ZDF/13,41)
8. „Die große Liebe auf der Leinwand" (ZDF/13,29)
9. „Weites Land" (ARD/10,59)
10. „Sportschau" (ARD/9,86)

(Aus *Funkuhr* 20/1979)

Wir wollen untersuchen, wie genau diese Angaben sind. Dazu vereinfachen wir wie folgt:

Durch die Untersuchung wird eine Gesamtheit von ca. 35,9 Mio. erfaßt. Die Angabe 19,83 Mio. (bei der erstgenannten Sendung) weist daraufhin, daß 55,2% der Personen in der Stichprobe die Sendung gesehen haben.

a) Bestimme die *prozentuale* Sehbeteiligung der übrigen genannten Sendungen in der Stichprobe!
b) Schätze den Anteil der Personen, die diese Sendungen gesehen haben!
   (Sicherheitswahrscheinlichkeit 95,5% – Stichprobenumfang 3000)
c) Ist die angegebene Reihenfolge gesichert?
d) Vergleiche die Ergebnisse mit denen aus Ü 7!

Ü 9

In der großen Einkommens- und Verbrauchsstichprobe des Statistischen Bundesamtes wurden im Januar 1978 Befragungen in insgesamt 54544 Haushalten durchgeführt. Bei der Erhebung berücksichtigte man eine Reihe von Merkmalen:

a) Von den untersuchten Haushalten hatten 15,64% ein Haushaltsnettoeinkommen unter 1000 DM, 41,30% zwischen 1000 und 2000 DM, 25,44% zwischen 2000 und 3000 DM, 13,63% zwischen 3000 und 5000 DM und 1,67% zwischen 5000 und 20000 DM.

b) 27,53% der Haushalte waren Haushalte mit nur 1 Person (20,51% Frauen, 7,02% Männer), 29,56% mit 2 Personen, 18,31% mit 3 Personen, 15,06% mit 4 Personen und 9,54% mit 5 und mehr Personen.

c) Der Haushaltungsvorstand war in 16,07% der untersuchten Haushalte unter 35 Jahren, in 20,60% zwischen 35 und 45 Jahren, in 17,34% zwischen 45 und 55 Jahren, in 17,72% zwischen 55 und 65 Jahren und in 28,26% über 65 Jahre.

d) Bei der sozialen Stellung des Haushaltungsvorstands wurden unterschieden: Landwirt (2,33%), Selbständiger (6,18%), Beamter (5,94%), Angestellter (21,24%), Arbeiter (24,31%) und Nichterwerbstätiger (40,00%).

e) Unter den befragten Haushalten waren 36392 Haushalte mit Ehepaaren. Dabei bestanden 9,16% der Ehen weniger als 5 Jahre, 13,18% zwischen 5 und 10 Jahren, 14,67% zwischen 10 und 15 Jahren, 14,31% zwischen 15 und 20 Jahren, 12,00% zwischen 20 und 25 Jahren, 36,68% mehr als 25 Jahre.

f) In den Haushalten mit Ehepaaren waren 38,28% ohne Kinder, 24,57% mit 1 Kind, 20,97% mit 2 Kindern, 7,84% mit 3 Kindern und 3,74% mit 4 und mehr Kindern.

g) Berufstätig war die Ehefrau in 38,59% der Ehen mit 1 Kind (Stichprobenumfang n = 8966), in 33,45% der Ehen mit 2 Kindern (n = 7630) und in 31,72% der Ehen mit 3 Kindern (n = 2854).

Bestimme jeweils 95,5%-Konfidenzintervalle für die absolute Häufigkeit, mit der die einzelnen Merkmalsausprägungen auftreten! (Gesamtzahl der Haushalte: 22,053 Mio., Haushalte mit Ehepaaren: 14,714 Mio., Ehen mit 1 Kind: 3,615 Mio., Ehen mit 2 Kindern: 3,085 Mio., Ehen mit 3 Kindern: 1,154 Mio.).

4.2. Aufgaben zur Genetik

Erbanlagen werden von Generation zu Generation weitergegeben.

In Vaterschaftsprozessen wird geprüft, ob bestimmte Anlagen eines Kindes von bestimmten Personen stammen können.

Wir interessieren uns hier nicht für solche Einzelfälle, sondern für die Vererbung von Anlagen innerhalb von Volksgruppen. Das HARDY-WEINBERG-Gesetz beschreibt, mit welchen Anteilen Erbanlagen bei zufälliger Partnerwahl von Generation zu Generation weitergegeben werden.

In den Übungen überprüfen wir, ob die Vererbung von verschiedenen Anlagen zufällig ist (also dem HARDY-WEINBERG-Gesetz unterliegt). Außerdem vergleichen wir Anteile in verschiedenen Volksgruppen miteinander.

Vorbemerkung:

Die Übertragung von Erbanlagen erfolgt durch die Keimzellen (Gameten). Träger der Erbanlagen (Gene) sind die Chromosomen in den Zellkernen. Die verschiedenen möglichen Zustände eines Gens heißen *Allele*; sie werden mit Buchstaben (z. B. A, B, a, b) bezeichnet. Die Zellkerne der Körperzellen eines Menschen (und vieler anderer Lebewesen) enthalten einen doppelten Chromosomensatz, der zur einen Hälfte vom Kern der (mütterlichen) Eizelle und zur anderen Hälfte vom Kern der (väterlichen) Samenzelle stammt. Die *Genotypen* der Nachkommen entstehen aus einer zufälligen Kombination je einer Hälfte des väterlichen und des mütterlichen Chromosomensatzes.

Bestimmte Genotypen der Kinder treten nur in bestimmten *Ehetypen* auf (vgl. Aufgabe **3**, S. 87).

Eltern	Kinder
AA × AA	alle AA
AA × BB	alle AB
AA × AB	AA:AB im Verhältnis 1:1
AB × AB	AA:AB:BB im Verhältnis 1:2:1

Individuen vom Genotyp AA (oder BB) heißen reinerbig (*homozygot*); die Individuen vom Genotyp AB werden als mischerbig (*heterozygot*) bezeichnet.

Wird beim Genotyp AB die Merkmalsausprägung nur vom Allel A bestimmt (d. h. stimmt das äußere Erscheinungsbild (*Phänotyp*) mit dem des Genotyps AA überein), dann heißt A *dominant* und B *rezessiv*.

Das HARDY-WEINBERG-Gesetz

Aufgabe 1:

a) In einer Ausgangspopulation seien nur Individuen vom Genotyp AA und vom Genotyp BB im Verhältnis 75:25 vorhanden.

Mit welcher Wahrscheinlichkeit treten bei zufälliger Partnerwahl Ehen vom Typ AA × AA, AA × BB bzw. BB × BB auf (Ausgangsgeneration)?

b) Mit welcher Wahrscheinlichkeit treten bei den Kindern die Genotypen AA, AB bzw. BB auf (1. Generation)?

c) Mit welcher Wahrscheinlichkeit treten in dieser 1. Generation Ehen vom Typ AA × AA, AA × AB, AA × BB, AB × AB, AB × BB bzw. BB × BB auf?

Mit welcher Wahrscheinlichkeit treten bei deren Kindern (2. Generation) die Genotypen AA, AB bzw. BB auf?

d) Was folgt für die weiteren Generationen?

e) Mit welchen Anteilen sind die Allele A bzw. B in den verschiedenen Generationen vertreten?

Lösung:

a) Ehen in der Ausgangspopulation:

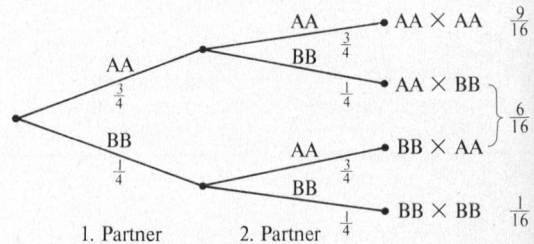

Baumdiagramm: 1. Partner AA ($\frac{3}{4}$) bzw. BB ($\frac{1}{4}$); 2. Partner AA ($\frac{3}{4}$) bzw. BB ($\frac{1}{4}$).

- AA × AA: $\frac{9}{16}$
- AA × BB und BB × AA: zusammen $\frac{6}{16}$
- BB × BB: $\frac{1}{16}$

b) Kinder in der 1. Generation:

	2. Partner			
1. Partner	AA	AA	AA	BB
AA	AA	AA	AA	AB
AA	AA	AA	AA	AB
AA	AA	AA	AA	AB
BB	AB	AB	AB	BB

Ehetyp	Wahrschein-lichkeit	Wahrscheinlichkeit für Genotypen der Kinder		
		AA	AB	BB
AA × AA	$\frac{9}{16}$	$\frac{9}{16}$	0	0
AA × BB	$\frac{6}{16}$	0	$\frac{6}{16}$	0
BB × BB	$\frac{1}{16}$	0	0	$\frac{1}{16}$

c) Ehen in der 1. Generation:

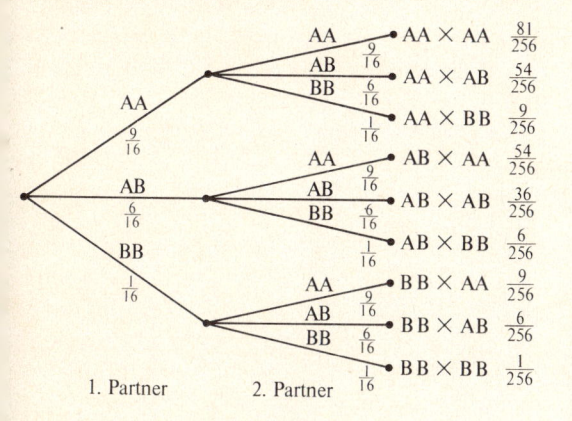

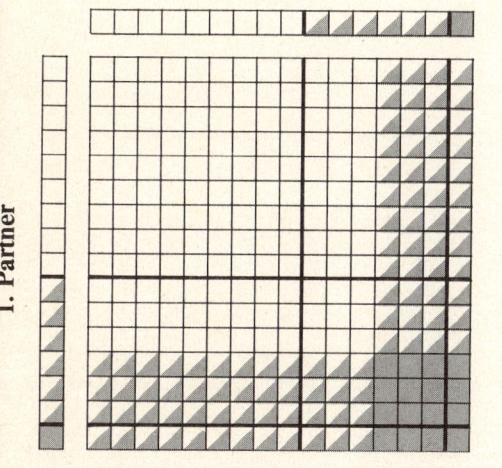

Kinder in der 2. Generation:

Ehetyp	Wahr-scheinlichkeit	Wahrscheinlichkeit für Genotypen der Kinder		
		AA	AB	BB
AA × AA	$\frac{81}{256}$	$\frac{81}{256}$	0	0
AA × AB	$\frac{108}{256}$	$\frac{54}{256}$	$\frac{54}{256}$	0
AA × BB	$\frac{18}{256}$	0	$\frac{18}{256}$	0
AB × AB	$\frac{36}{256}$	$\frac{9}{256}$	$\frac{18}{256}$	$\frac{9}{256}$
AB × BB	$\frac{12}{256}$	0	$\frac{6}{256}$	$\frac{6}{256}$
BB × BB	$\frac{1}{256}$	0	0	$\frac{1}{256}$
Summe	$\frac{256}{256}=1$	$\frac{144}{256}=\frac{9}{16}$	$\frac{96}{256}=\frac{6}{16}$	$\frac{16}{256}=\frac{1}{16}$

In der 2. Generation treten Individuen vom Genotyp AA mit Wahrscheinlichkeit $\frac{9}{16}$, Genotyp AB mit Wahrscheinlichkeit $\frac{6}{16}$, Genotyp BB mit Wahrscheinlichkeit $\frac{1}{16}$ auf.

d) In der 2. Generation treten die möglichen Genotypen mit den gleichen Wahrscheinlichkeiten auf wie in der 1. Generation – dies gilt dann auch für die weiteren Generationen.

e) In der Ausgangspopulation treten die Allele A und B im Verhältnis 3 : 1 auf.

In der 1. und den weiteren Generationen ist der Anteil des Allels A:

$$\frac{9}{16}+\frac{1}{2}\cdot\frac{6}{16}=\frac{12}{16}=\frac{3}{4},$$

der Anteil des Allels B:

$$\frac{1}{2}\cdot\frac{6}{16}+\frac{1}{16}=\frac{4}{16}=\frac{1}{4}.$$

In *allen* Generationen ist das Verhältnis der Allele A : B konstant 3 : 1.

Ü 1

Führe die Überlegungen der Aufgabe **1** für eine Ausgangspopulation durch, in der Individuen vom Genotyp AA und vom Genotyp BB im Verhältnis

a) 50 : 50

b) 80 : 20

c) p : q

auftreten!

Das 1908 vom englischen Mathematiker HARDY und vom deutschen Arzt WEINBERG entdeckte Gesetz besagt:

HARDY-WEINBERG-Gesetz

Sind in einer Ausgangspopulation der Genotyp AA mit Wahrscheinlichkeit p und der Genotyp BB mit Wahrscheinlichkeit q = 1 − p vorhanden, dann sind bei *zufälliger* Partnerwahl die Wahrscheinlichkeiten für die Genotypen AA, AB, BB von der ersten Nachkommengeneration an konstant $p^2 : 2pq : q^2$.

Der Anteil der Allele A und B in den Nachkommengenerationen ist wie in der Ausgangspopulation p bzw. q.

Blutgruppen

Für Bluttransfusionen und für Untersuchungen von Erbkrankheiten ist es wichtig, die genaue Zusammensetzung des Blutes von Spender und Empfänger bzw. von Eltern und Kindern zu kennen.

Man unterscheidet heute über 10 verschiedene Blutgruppensysteme, darunter

- das A-B-0-System (vgl. Ü 8; wichtig bei Bluttransfusionen),
- das Rhesus-System (vgl. Aufgabe 2 und Ü 2; entscheidend für Unverträglichkeiten des Bluts von Mutter und Kind während der Schwangerschaft),
- das M-N-System (vgl. Ü 7),
- das System der Hp-Gruppen (vgl. Ü 6).

Aufgabe 2:

1940 entdeckte LANDSTEINER, daß ca. 85% der weißen Amerikaner ein Antigen besitzen, das man mit Rh^+ bezeichnete (*Rhesus-Faktor*).

Tritt bei einer Person dieses Antigen auf, dann bezeichnet man das Blut als Rh-positiv, sonst als Rh-negativ.

Aus der Tabelle ersieht man, daß das Auftreten bzw. Fehlen des Antigens erblich bedingt ist:

Ehetyp	Anzahl der Ehen	Anzahl der Kinder mit Rh^+	Rh^-
$Rh^+ \times Rh^+$	73	248	16
$Rh^+ \times Rh^-$	20	54	23
$Rh^- \times Rh^-$	7	—	34

(Zahlen aus STERN: Grundlagen der Humangenetik, G. Fischer Verlag, Stuttgart, 1968)

Da in $Rh^- \times Rh^-$-Ehen keine Nachkommen vom Typ Rh^+ vorkommen, wohl aber in den beiden anderen Ehe-Typen sowohl Rh^+- als auch Rh^--Nachkommen, ist das zugehörige Allel für Rh^+ dominant (Bezeichnung: R), das für Rh^- rezessiv (Bezeichnung: r).

a) In der Stichprobe sind 166 der 200 Eltern und 302 der 375 Kinder vom Typ Rh^+.

Prüfe, ob der Anteil der Personen vom Typ Rh^+ in beiden Generationen als gleich anzusehen ist!

b) Insgesamt treten in der Stichprobe 468 Personen vom Typ Rh^+ (Genotypen RR und Rr) und 107 Personen vom Typ Rh^- (Genotyp rr) auf.

Schätze nach dem HARDY-WEINBERG-Gesetz:

Mit welchen Anteilen treten in der betrachteten Population die Allele R und r auf?

Mit welchen Anteilen treten Personen mit den Genotypen RR und Rr auf?

Lösung:

a) Aus dem Ansatz

$$\left| \frac{X}{n} - p \right| \leq 2 \frac{\sigma}{n}$$

erhalten wir 95,5%-Konfidenzintervalle für den Anteil der Personen vom Typ Rh^+:

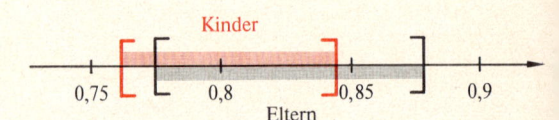

Eltern: $\quad 0{,}771 \leq p \leq 0{,}877$

Kinder: $\quad 0{,}761 \leq p \leq 0{,}843$

Die Konfidenzintervalle stimmen größtenteils überein. Die Anteile der Personen vom Typ Rh^+ sind in beiden Generationen als gleich anzusehen (vgl. HARDY-WEINBERG-Gesetz).

b) Bezeichnet man die Wahrscheinlichkeit für das Auftreten des Allels R mit p und die Wahrscheinlichkeit für das Auftreten des Allels r mit q, dann gilt nach dem HARDY-WEINBERG-Gesetz:

Die Genotypen RR, Rr und rr treten im Verhältnis $p^2 : 2pq : q^2$ auf.

In der Stichprobe vom Umfang 575 sind 107 Personen vom Genotyp rr.

Daher ist $q^2 \approx \frac{107}{575} = 0{,}186$ und damit:

Allel r: $\quad q \approx 0{,}431$

Allel R: $\quad p \approx 0{,}569$

Genotyp RR: $\quad p^2 \approx 0{,}324$

Genotyp Rr: $\quad 2pq \approx 0{,}490$

Aufgabe 3:

1927 entdeckten LANDSTEINER und LEVINE im Blut des Menschen die Antigene M und N. Alle Menschen besitzen entweder M-, N- oder MN-Blut (die zugehörigen Genotypen sind: MM, NN, MN).

In einer Stichprobe wurden die Genotypen von Eltern und Kinder untersucht:

Genotypen der Eltern	Anzahl der Ehen	Häufigkeiten der Genotypen der Kinder		
		MM	MN	NN
MM × MM	153	326	0	0
NN × NN	57	0	0	107
MM × NN	179	0	376	0
MM × MN	463	499	473	0
NN × MN	351	0	411	382
MN × MN	377	199	405	196
gesamt	1580	1024	1665	685

(Zahlen aus VOGEL: Lehrbuch der allgemeinen Humangenetik, Springer-Verlag, Berlin, 1961)

a) Sind die Häufigkeiten mit der Annahme der zufälligen Kombination der Allele verträglich?

b) Schätze die Anteile der Allele M und N nach der sogenannten *Allelzählmethode* bei Eltern und Kindern: Bestimme die Häufigkeiten eines Allels in der Stichprobe!

Beachte: Bei homozygoten Individuen tritt ein Allel zweimal, bei heterozygoten einmal auf. Der Stichprobenumfang ist doppelt so groß wie die Anzahl der Personen in der Stichprobe.

Bestimme jeweils 95,5%-Konfidenzintervalle!

Lösung:

a) *1. Fall:*

Aus den Ehen von homozygoten Eltern gehen ohnehin nur Kinder eines einzigen Genotyps hervor. Eine Untersuchung der Stichprobenergebnisse entfällt.

2. Fall:

Kinder aus Ehen vom Typ MM × MN bzw. NN × MN haben die Genotypen der Eltern im Verhältnis 1:1.

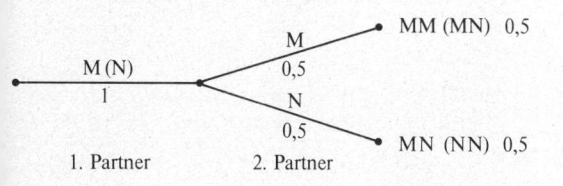

3. Fall:

Kinder aus Ehen vom Typ MN × MN haben die Genotypen MM, MN, NN im Verhältnis 1:2:1.

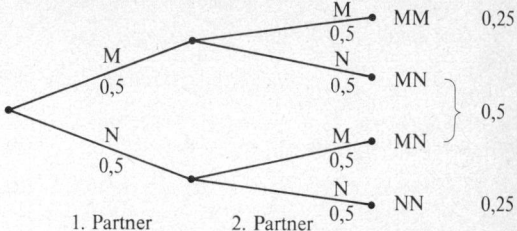

Bezeichnen wir die Wahrscheinlichkeit für das Auftreten eines Kindes vom Genotyp MM (oder NN) mit p_1 und die Wahrscheinlichkeit für das Auftreten eines Kindes vom Genotyp MN mit p_2, dann ist zu prüfen, ob die Stichprobenergebnisse verträglich sind

– im 2. Fall mit $p_1 = 0{,}5$
– im 3. Fall mit $p_1 = 0{,}25$ und $p_2 = 0{,}5$.

Untersuchung des 2. Falls:

Ehetyp MM × MN: $n = 972$; $\mu = 486$; $\sigma = 15{,}6$.

Die Anzahl der Kinder mit Blutgruppe MM liegt in der 1σ-Umgebung um μ.

Ehetyp NN × MN: $n = 793$; $\mu = 396{,}5$; $\sigma = 14{,}1$.

Die Anzahl der Kinder mit Blutgruppe NN liegt in der 2σ-Umgebung um μ.

Untersuchung des 3. Falls:

$n = 800$; $\mu = 200$; $\sigma = 12{,}2$:
Die Anzahl der Kinder mit Blutgruppe MM (bzw. NN) liegt in der 1σ-Umgebung um μ.

$n = 800$; $\mu = 400$; $\sigma = 14{,}1$:
Die Anzahl der Kinder mit Blutgruppe MN liegt in der 1σ-Umgebung um μ.

Alle Ergebnisse sind verträglich mit der Annahme der zufälligen Kombination der Allele!

b) Allelhäufigkeiten

	Allel M	Allel N	gesamt
Eltern	3464	2856	6320
Kinder	3713	3035	6748

95,5%-Konfidenzintervalle für die Anteile p des Allels M:

Eltern: $\quad 0{,}536 \leq p \leq 0{,}561$

Kinder: $\quad 0{,}538 \leq p \leq 0{,}562$

Die Konfidenzintervalle überlappen sich größtenteils: Die Anteile in den beiden Generationen können als gleich angesehen werden.

Ü 2

Bei einer Untersuchung über die Häufigkeit des Auftretens der Rhesus-Faktoren Rh$^+$ und Rh$^-$ fand man in Stichproben die folgenden Werte:

Bevölkerungs-gruppe	Umfang der Stichprobe	Rel. Häufigkeit in %	
		Rh$^+$	Rh$^-$
USA (Weiße)	23 403	85,77	14,23
Belgien	113	80,53	19,47
England	10 231	84,09	15,91
Frankreich	1 190	85,88	14,12
Norwegen	24 051	84,56	15,44
Schweden	937	86,55	13,45
Schweiz	1 522	84,17	15,83

(Zahlen aus: Meyers Handbuch über Mensch, Tier und Pflanze, Bibl. Inst., Mannheim, 1964)

a) Bestimme 95,5%-Konfidenzintervalle für den Anteil der Personen mit Rh$^-$-Faktor!

  Ist es möglich, daß die Anteile in allen betrachteten Ländern gleich sind?

b) Schätze die Anteile der Personen mit dem Genotyp RR bzw. Rr! (Vgl. Aufgabe 2b)

Ü 3

In der baskischen Volksgruppe beträgt der Anteil der Personen mit Rh$^+$-Faktor ca. 64%.

Wie groß muß man den Stichprobenumfang wählen, um den Anteil auf 1% genau zu bestimmen? (Sicherheitswahrscheinlichkeit 95,5%)

Ü 4

In einer Bevölkerungsgruppe sei der Anteil der Personen mit Rh$^+$-Faktor gleich 85%. In einer Stichprobe vom Umfang 346 fand man 272 Personen mit diesem Antigen.

Ist dies ungewöhnlich?

Ü 5

Bei der Untersuchung der Häufigkeit des Auftretens des Rh$^+$-Faktors im Schweizer Kanton Wallis fand man 265 Personen in einer Stichprobe vom Umfang 378, die das Rh$^+$-Antigen besaßen; in einer anderen Stichprobe vom Umfang 139 fand man 84 Personen mit dem Rh$^+$-Antigen.

Sind die Ergebnisse miteinander verträglich?

Ü 6

Man kann beim Menschen drei *Haptoglobin*-Gruppen unterscheiden: Hp 1−1, Hp 2−2 und Hp 2−1.

a) In Familienuntersuchungen wurden die folgenden Werte gefunden:

Genotypen der Eltern	Häufigkeiten der Genotypen der Kinder		
	Hp 1−1	Hp 2−1	Hp 2−2
Hp 1−1 × Hp 1−1	9	−	−
Hp 1−1 × Hp 2−1	36	49	−
Hp 1−1 × Hp 2−2	−	42	−
Hp 2−1 × Hp 2−2	−	104	81
Hp 2−2 × Hp 2−2	−	−	63
Hp 2−1 × Hp 2−1	26	57	28

Zeige, daß die auftretenden absoluten Häufigkeiten mit der Annahme der zufälligen Kombination der Allele verträglich sind!

b) In verschiedenen Populationen wurden die folgenden Häufigkeiten gefunden:

Population	Anzahl der Personen	absolute Häufigkeiten		
		Hp 1−1	Hp 2−1	Hp 2−2
Dänen	2046	328	967	751
Finnen	889	129	386	374
Franzosen	406	62	202	142
Liberia-Neger	614	327	232	55
Eskimos	416	32	202	182

(Zahlen aus VOGEL: s. o.)

(1) Bestimme 95,5%-Konfidenzintervalle für die Anteile von Personen mit den einzelnen Hp-Gruppen!

(2) Schätze die Anteile der Allele Hp 1 und Hp 2 nach der Allelzählmethode (vgl. Aufgabe 3)!

(3) Könnten bei den untersuchten europäischen Populationen gleiche Anteile vorliegen?

Ü 7

a) In 286 Familien wurde der Erbgang der M-N-Blutgruppen untersucht.

Genotypen der Eltern	Häufigkeiten der Genotypen der Kinder		
	MM	MN	NN
MM × MM	98	–	–
NN × NN	–	–	27
MM × NN	–	43	–
MM × MN	183	196	–
NN × MN	–	156	167
MN × MN	71	141	63

Zeige, daß diese Häufigkeiten mit der Annahme der zufälligen Kombination der Allele verträglich sind!

b) Nach der Allelzählmethode wurden die Häufigkeiten der Allele M und N untersucht:

Population	Anzahl der Personen	rel. Häufigkeit in %	
		M	N
Indianer (USA)	205	77,6	22,4
Eskimos	569	91,3	8,7
Japaner	504	43,0	57,0
Australische Ureinwohner	730	17,8	82,2

Bestimme jeweils 95,5%-Konfidenzintervalle für die Anteile der Allele M und N!

c) Ermittle für die folgenden Stichproben die Anteile der Allele (Allelzählmethode)! Bestimme 95,5%-Konfidenzintervalle!

Population	Anzahl der Personen	rel. Häufigkeit in %		
		M	N	MN
Norweger	34 309	30,18	20,79	49,03
Schweden	4000	33,97	17,90	48,13
Finnen	3 145	39,84	14,28	45,88
Belgier	3 100	28,87	20,77	50,35
Franzosen	4 151	30,28	20,45	49,27
Schweizer	4 225	29,28	21,82	48,90
Deutsche	2 578	28,43	21,68	49,88

d) Bei welchen europäischen Nachbarvölkern könnten gleiche Anteile vorliegen?

(Zahlen aus STERN und VOGEL, s. o.)

e) In einer Population sind die Allele M und N mit den Anteilen 60% bzw. 40% vorhanden. Mit welchen relativen Häufigkeiten sind die Blutgruppen MM, MN bzw. NN in einer Stichprobe vom Umfang 1000 vertreten? (Sicherheitswahrscheinlichkeit 95,5%)

Ü 8

Nach BERNSTEIN (1925) erfolgt die Vererbung der Blutgruppen A, B, AB, 0 durch die drei Gene A, B, 0 (Wahrscheinlichkeiten p, q, r):

Phänotyp	Genotyp (Wahrscheinlichkeit)
A	A0 *(2pr)* oder AA *(p²)*
B	B0 *(2qr)* oder BB *(q²)*
AB	AB *(2pq)*
0	00 *(r²)*

In den einzelnen Ehetypen können daher nur bestimmte Blutgruppen bei den Kindern auftreten. Die folgende Tabelle enthält die möglichen Phänotypen:

Ehetyp	mögliche Blutgruppen der Kinder
0 × 0	0
0 × A	0, A
0 × B	0, B
0 × AB	A, B
A × A	0, A
A × B	0, A, B, AB
A × AB	A, B, AB
B × B	0, B
B × AB	A, B, AB
AB × AB	A, B, AB

a) Welche Ehetypen sind bezüglich der Genotypen möglich? Welche Genotypen können bei den Kindern auftreten (mit Wahrscheinlichkeiten)?

b) Zeige: Die Anteile der Genotypen bleiben in den verschiedenen Generationen gleich.

(HARDY-WEINBERG-Gesetz für multiple Allele)

Ü 9

In verschiedenen Stichproben wurden die Verteilungen der Blutgruppen A, B, AB, 0 in zwei Generationen untersucht. (Quelle: STERN s. o.)

Blutgruppe	Eltern	Kinder
0	8015	9271
A	7528	8643
B	4287	4965
AB	1426	1464
Gesamt	21 246	24 343

Sind die Anteile der einzelnen Blutgruppen in beiden Generationen als gleich anzusehen?

Ü 10

a) Bestimme 95,5%-Konfidenzintervalle für die Anteile mit denen die Blutgruppen 0, A, B, AB in verschiedenen Populationen auftreten!

Population	Umfang der Stichprobe	rel. Häufigkeit in %			
		0	A	B	AB
austral. Ureinwohner	54	42,6	57,4	0	0
Chinesen	1 000	30,7	25,1	34,2	10,0
Ägypter	502	27,3	38,5	25,5	8,8
Deutsche	39 174	36,5	42,5	14,5	6,5
Eskimos	146	55,5	43,8	0	0,7
Engländer	422	47,9	42,4	8,3	1,4
Finnen	927	34,0	42,4	17,1	6,5
Indianer	100	91	7	2	0
Inder	160	32,5	20,0	39,4	8,1
Isländer	800	55,7	32,1	9,6	2,6
Italiener	540	45,9	33,4	17,3	3,4
Japaner	29 799	30,1	38,3	21,9	9,7
Melanesier	500	37,6	44,4	13,2	4,8
Polynesier	413	36,5	60,8	2,2	0,5
Russen	489	31,9	34,4	24,9	8,8

(Zahlen aus STENGEL: Humangenetik, Quelle & Meyer, Heidelberg, 1972)

b) Blutgruppe 0 ist rezessiv gegenüber anderen Blutgruppen.
Schätze den Anteil der Personen mit Genotyp AA bzw. A0 in der Bevölkerungsgruppe der australischen Ureinwohner (mit Hilfe des HARDY-WEINBERG-Gesetzes, vgl. Aufgabe 2b)!

c) Schätze die Anteile der Allele A, B und 0 (vgl. Ü 8) nach dem HARDY-WEINBERG-Gesetz!

Beachte:
$P(\text{Blutgr. A oder Blutgr. 0}) = (p+r)^2$,
$P(\text{Blutgr. B oder Blutgr. 0}) = (q+r)^2$,
also wegen $p+q+r=1$:
$p = 1 - \sqrt{P(\text{Blutgr. B oder Blutgr. 0})}$,
$q = 1 - \sqrt{P(\text{Blutgr. A oder Blutgr. 0})}$,
$r = \sqrt{P(\text{Blutgr. 0})}$.

d) Welchen Umfang muß eine Stichprobe haben, mit der man in Deutschland (in England; in Indien; in China) die Anteile einzelner (aller) Blutgruppen auf 0,1% genau schätzen kann? (Sicherheitswahrscheinlichkeit 95,5%)

Ü 11

Kurz nach der Geburt bilden sich im menschlichen Blut Antikörper:

Menschen mit Blutgruppe 0 besitzen Antikörper gegen Blut der Blutgruppen A und B. Bei Menschen mit Blutgruppe A entwickeln sich Antikörper gegen das Blut der Blutgruppe B und umgekehrt. Menschen mit Blutgruppe AB besitzen keine Antikörper. (Menschen mit Blutgruppe 0 sind ideale Spender – Menschen mit Blutgruppe AB ideale Empfänger.)

Entwickeln sich bereits vor der Geburt Antikörper im Embryo, dann kann es zu Fehlgeburten oder zum Absterben des Embryos im frühen Stadium kommen, wenn Mutter und Embryo inkompatible (unverträgliche) Blutgruppen besitzen.

Inkompatible Blutgruppen	
Mutter	Vater
0	A
0	B
A	B
B	A
0	AB
A	AB
B	AB

a) Bei Untersuchungen in Japan fand man 1956:

Blutgruppen der Eltern		Blutgruppen der Kinder			
		theoretische Wahrscheinlichkeit		Häufigkeit in der Stichprobe	
Mutter	Vater	0	A bzw. B	0	A bzw. B
A	0	0,400	0,600	282	430
0	A	0,400	0,600	320	369
B	0	0,433	0,567	142	214
0	B	0,433	0,567	190	204

Überprüfe, ob die Abweichungen noch als zufällig angesehen werden können!

b) In einer weiteren Stichprobe wurde die relative Häufigkeit von Fehlgeburten in verschiedenen Ehetypen untersucht:

Blutgruppe		Anzahl der Schwangerschaften	Anzahl der Fehlgeburten
Mutter	Vater		
A	0	763	90
0	A	568	97
B	0	432	43
0	B	255	48

Vergleiche die 95,5%-Konfidenzintervalle für die Wahrscheinlichkeit einer Fehlgeburt!

c) In einer Untersuchung in Österreich (1965) ergab sich:

	Blutgruppen der Kinder				
	0	A	B	AB	gesamt
Erstgeborene Kinder	477	473	156	80	1186
Nachgeborene Kinder	934	831	229	118	2112

Bestimme jeweils 95,5%-Konfidenzintervalle für die Anteile der einzelnen Blutgruppen!

Zeige, daß der höhere Anteil der Blutgruppe 0 bei den nachgeborenen Kindern ungewöhnlich ist!

(*Erklärung des Effekts:* Mit der Zahl der Schwangerschaften nimmt die Sensibilisierung von 0-Müttern gegenüber A- bzw. B-Kindern zu.)

Anmerkung: Die Mutter-Kind-Inkompatibilität müßte zu einer Veränderung der Anteile der verschiedenen Blutgruppen führen. Die Zahl der Schwangerschaften in inkompatiblen Ehen ist oft höher als in kompatiblen Ehen – die Verluste werden auf diese Weise kompensiert. In neueren Untersuchungen aus Japan, Europa und Nordamerika sind diese Effekte nicht mehr bzw. nur noch schwach festgestellt worden.

(Quelle: BECKER (Hrsg.): Humangenetik Band I/4, Kapitel: Populationsgenetik und Statistik von VOGEL u. HELMBOLD, Thieme Verlag, Stuttgart, 1972)

Ü 12

Die ersten systematischen Untersuchungen über den Zusammenhang von Blutgruppenzugehörigkeit und Krebserkrankung wurden Anfang der 50er Jahre in England und Schottland durchgeführt.

Man bestimmte die Blutgruppen von Personen, die an Magenkrebs erkrankt waren, und verglich die relative Häufigkeit der Blutgruppen mit den Werten, die für die betreffende Bevölkerungsgruppe vorlagen.

Insbesondere betrachtete man die Anteile der Blutgruppen A und 0.

Prüfe, ob in den folgenden Stichproben die relativen Häufigkeiten erkrankter Personen mit Blutgruppe A erheblich vom erwarteten Anteil abweichen!

Ort	Karzinom-Kranke mit Blutgruppe		Anteil in der Bevölkerung: $\frac{A}{A+0}$ in %
	0	A	
Manchester	343	349	42,3
Liverpool	85	97	44,3
Leeds	92	104	46,0
Birmingham	37	57	46,8
Newcastle	44	44	41,1
London	578	617	47,9
Schottland	245	174	38,1
gesamt	1424	1442	44,5

(Zahlen aus VOGEL, s. o.)

Ü 13

In den letzten Jahrzehnten wurden systematisch Abhängigkeiten zwischen Krankheiten und Blutgruppen untersucht.

Prüfe, ob in den folgenden Stichproben von Erkrankten signifikante Abweichungen auftreten! Betrachte dazu die Verhältnisse:
A:0, B:0, AB:0 und A+B+AB:0
in Stichprobe und Gesamtheit! (Vgl. Ü 12)

Krankheit	Stichprobenumfang	Anteil in der Stichprobe *Anteil in der Gesamtheit*				Ort und Zeit der Stichprobe
		0	A	B	AB	
Dickdarmkarzinom	1514	0,439 *0,458*	0,446 *0,422*	0,085 *0,089*	0,030 *0,031*	London 1954
Uterushalskarzinom	1197	0,352 *0,368*	0,424 *0,419*	0,160 *0,150*	0,064 *0,063*	Berlin 1967
Brustkarzinom	1600	0,378 *0,396*	0,519 *0,481*	0,068 *0,086*	0,035 *0,037*	Norwegen 1964
Leukämie	655	0,427 *0,457*	0,376 *0,370*	0,154 *0,133*	0,042 *0,040*	Brocklyn 1958
Magengeschwür	2361	0,377 *0,322*	0,349 *0,393*	0,193 *0,203*	0,081 *0,082*	Krakau 1960
Gallensteine	830	0,349 *0,363*	0,483 *0,449*	0,112 *0,129*	0,055 *0,059*	Greifswald 1964
Angeborene Herzfehler	1303	0,447 *0,458*	0,408 *0,397*	0,107 *0,108*	0,037 *0,037*	Boston 1959
Rheumatische Erkrankung	770	0,268 *0,328*	0,482 *0,420*	0,160 *0,179*	0,091 *0,073*	Budapest 1967
Tuberkulose	1771	0,329 *0,319*	0,342 *0,367*	0,242 *0,228*	0,087 *0,086*	Japan 1960
Lepra	1426	0,265 *0,305*	0,392 *0,382*	0,238 *0,219*	0,105 *0,094*	Japan 1937

(Zahlen aus BECKER (Hrsg.), s. o.)

Schmecker, Zungenroller und Kraushaar

Ü 14

Man kann Menschen danach unterscheiden, ob sie Phenylthiocarbamid (PTC) schmecken (stark bitterer Geschmack) oder nichts empfinden, wenn PTC auf die Zunge genommen wird.

In einer Stichprobe unter weißen Amerikanern fand man:

Eltern	Anzahl der Ehen	Kinder Schmecker	Nichtschmecker
Schmecker × Schmecker	425	929	130
Schmecker × Nichtschmecker	289	483	278
Nichtschmecker × Nichtschmecker	86	–	218
insgesamt	800	1412	626

(Zahlen aus STERN, s. o.)

a) Ist der Anteil der Schmecker in beiden Generationen als gleich anzusehen?

b) Man bezeichnet das Allel, auf dem die Fähigkeit beruht, PTC zu schmecken, mit T, das andere mit t.

Aus der Tabelle ist zu entnehmen, daß die Nichtschmecker-Eigenschaft rezessiv ist. Schmecker sind also vom Genotyp TT oder Tt.

Schätze nach dem HARDY-WEINBERG-Gesetz:

Mit welchen Anteilen treten in der betrachteten Population die Allele T und t auf?

Mit welchen Anteilen treten Personen mit den Genotypen TT, Tt und tt auf?

Ü 15

a) Viele Menschen sind in der Lage, ihre Zunge entlang ihrer Längsachse zu rollen.

Die Fähigkeit des Zungenrollens wird durch mehr als ein Gen übertragen: Die Vererbungsregeln sind kompliziert.

In zwei Kursen wurden Schüler beauftragt zu prüfen, ob ihre Eltern, ihre Geschwister oder sie selbst zu den *Zungenrollern* gehören.

Von 83 Eltern konnten 52 ihre Zunge rollen, von 106 Kindern 68.

Prüfe, ob bezüglich dieses Merkmals das HARDY-WEINBERG-Gesetz erfüllt ist!

b) Führe selbst ähnliche Erhebungen wie in a) durch: Außer der Fähigkeit des Zungenrollens werden z. B. folgende Merkmale (bzw. Ausprägungen) vererbt: Grübchen, angewachsene/freie Ohrläppchen, Behaarung der Finger, rotes Haar, gelocktes/glattes Haar, kurze/lange Wimpern, braune/blaue Augenfarbe.

Ü 16

Bei der Auswertung von Familienstammbäumen wurde festgestellt, wie eine besondere Form von Kraushaar vererbt wird:

(1) Aus Ehen von Trägern dieser Eigenschaft mit Nichtträgern gingen 145 Kinder mit Kraushaar und 130 mit glattem Haar hervor;

(2) unter den 60 Kindern von Kraushaar-Vätern waren 24 mit Kraushaar;

(3) unter den Kindern von Kraushaar-Müttern war das Verhältnis 34 : 26.

Zeige, daß diese Daten verträglich sind mit der Hypothese, daß aus Ehen von Trägern der Eigenschaft mit Nichtträgern Kinder mit bzw. ohne diese Eigenschaft im Verhältnis 1 : 1 hervorgehen.

(Zahlen aus STERN, s. o.)

Gregor MENDELs Kreuzungsversuche

Ü 17

Gregor Mendel untersuchte bei seinen Kreuzungsversuchen mit Erbsen (um 1860), wie oft verschiedene Merkmalsausprägungen nach der Kreuzung auftraten.

a) Die ersten Versuchsreihen lieferten folgende Ergebnisse:

(1) *Gestalt der Samen*: Von 7324 Samen waren 5474 rund oder rundlich, 1850 kantig.

(2) *Färbung der Samen*: Von 8023 Samen waren 6022 gelb und 2001 grün.

(3) *Farbe der Samenschale*: Von 929 Pflanzen hatten 705 violett-rote Blüten und graubraune Samenschalen und 224 weiße Blüten und weiße Samenschalen.

(4) *Gestalt der Hülsen*: Von 1181 Pflanzen hatten 882 einfach gewölbte, 299 eingeschnürte Hülsen.

(5) *Färbung der unreifen Hülse*: Von 580 Pflanzen besaßen 428 grüne und 152 gelbe Hülsen.

(6) *Stellung der Blüten*: In 651 von 858 Fällen waren die Blüten achsenständig und in 207 Fällen endständig.

(7) *Länge der Blütenachse*: Von 1064 Pflanzen hatten 787 eine lange, 277 eine kurze Blütenachse.

Prüfe die Hypothese MENDELs:

Bei dominanter Vererbung haben in der zweiten Tochtergeneration 75% der Merkmalsträger die eine und 25% die andere Ausprägung.

b) Die Ergebnisse der Untersuchungen MENDELs gerieten in Vergessenheit und wurden erst 1900 wiederentdeckt. Verschiedene Forscher überprüften die 3:1-Hypothese MENDELs:

Forscher	Jahr	gelbe Samen	grüne Samen
CORRENS	1900	1394	453
TSCHERMAK	1900	3580	1190
HURST	1904	1310	445
BATESON	1905	11903	3903
LOCK	1905	1438	514
DARBISHIRE	1909	109060	36186

Untersuche auch hier die Verträglichkeit mit der Hypothese!

c) In weiteren Untersuchungen betrachtete Gregor MENDEL jene Formen, die in der ersten Versuchsreihe die dominierende Merkmalsausprägung aufwiesen:

(1) *Gestalt der Samen*: Von 565 Pflanzen, die aus runden Samen gezogen wurden, brachten 193 nur runde Samen (372 hatten runde und kantige Samen im Verhältnis 3:1).

(2) *Färbung der Samen*: Von 519 Pflanzen, die aus gelben Samen gezogen wurden, gaben 166 ausschließlich gelbe Samen.

(3) *Farbe der Samenschale*: Von 100 Pflanzen hatten 36 ausschließlich graubraune Samenschalen.

(4) *Gestalt der Hülsen*: Von 100 Pflanzen hatten 29 nur einfach gewölbte Hülsen.

(5) *Färbung der unreifen Hülsen*: Von 100 Pflanzen hatten die Nachkommen von 40 Pflanzen grüne Hülsen.

(6) *Stellung der Blüten*: Von 100 Pflanzen hatten die Nachkommen von 35 Pflanzen ausschließlich achsenständige Blüten.

(7) *Länge der Blütenachse*: Von 100 Pflanzen hatten die Nachkommen von 28 Pflanzen eine lange Blütenachse.

Prüfe die Hypothese:

Ein Drittel behält die dominierende Merkmalsausprägung (homozygot), während bei zwei Dritteln beide Merkmalsausprägungen (im Verhältnis 3:1) auftreten (heterozygot).

d) Für die Untersuchungen (3) bis (7) in c) wählte MENDEL 100 Pflanzen aus (mit dominierendem Merkmal in der ersten Versuchsreihe) und baute je 10 Samen an um zu prüfen, ob die Pflanze homozygot oder heterozygot war.

Nun ist es aber möglich, daß alle ausgewählten 10 Samen Pflanzen mit dem dominierenden Merkmal hervorbringen, obwohl die Nachkommenschaft der ursprünglich betrachteten Pflanze heterozygot ist.

Die Wahrscheinlichkeit hierfür ist $0{,}75^{10} \approx 0{,}056$. MENDEL mußte also mit folgendem Spaltungsverhältnis rechnen:

$\frac{2}{3} \cdot 0{,}944 : (\frac{1}{3} + \frac{2}{3} \cdot 0{,}056) = 0{,}629 : 0{,}371$.

Prüfe, ob die Versuchsergebnisse in c) (3)–(7) mit dieser Hypothese verträglich sind!

(Literaturhinweis: G. MENDEL: Versuche über Pflanzenhybriden, Vieweg, 1970)

4.3. Statistik der Geburten

Der Engländer John ARBUTHNOT (1667–1735) stellte als erster fest, daß die Wahrscheinlichkeit für eine Jungengeburt größer als 0,5 ist. Er führte dies auf die göttliche Vorsehung zurück, die durch die höhere Anzahl von Jungengeburten die Kriegsverluste ausgleicht.

Wir vergleichen für die Nachkriegsjahre die relativen Häufigkeiten der Jungengeburten in der kriegsneutralen Schweiz mit den relativen Häufigkeiten in den beiden deutschen Staaten: **Ü 1** bis **Ü 3**.

Ü 4 beschäftigt sich mit der Verteilung der Geschlechter innerhalb von Familien.

Wir untersuchen weiter, ob es Monate im Jahr gibt, in denen bei uns besonders viele oder besonders wenige Kinder geboren werden: **Ü 5**.

Weitere Übungen zu diesem Thema: S. 60, **Ü 9**, S. 61, **Ü 10**, **Ü 11**.

Aufgabe:

Die Zeitschrift SPIEGEL druckte in Heft 46/1976 folgende Notiz:

> **Sohn siegt knapp vor Tochter**
> Junge oder Mädchen? Wenn Frauen die Möglichkeit hätten, das Geschlecht eines Kindes zu beeinflussen, würden es 59 Prozent tun. Die Entscheidung fiele knapp zugunsten eines Sohnes (31%) im Vergleich zu dem Wunsch nach einer Tochter (28%) aus. Das stellte der Erlanger Diplompsychologe Matthias Wenderlein fest, der 385 Frauen befragte.

a) Reicht eine Befragung von 385 Frauen aus, um zu sagen, daß die Mehrheit aller Frauen das Geschlecht eines Kindes beeinflussen würde, wenn dies möglich wäre?

b) Aus der Notiz geht hervor, daß von den 227 Frauen, die das Geschlecht beeinflussen wollten, 119 einen Sohn einer Tochter vorziehen würden (das sind ca. 52,4%).

Kann man hieraus nicht genauso schließen, daß Frauen, die das Geschlecht beeinflussen wollen, im gleichen Maße Söhne wie Töchter wünschen?

c) Wie viele Frauen hätten befragt werden müssen, damit bei gleichem prozentualen Ausgang der Befragung eine Überschrift wie bei der Zeitungsnotiz gerechtfertigt wäre?

Lösung:

a) $n = 385$, $\frac{X}{n} = 0{,}59$, $X = 227$.

Wir bestimmen ein Konfidenzintervall für den Anteil aller Frauen, die das Geschlecht eines Kindes beeinflussen würden (nach der Näherungsmethode):

$$|0{,}59 - p| \leq 2 \sqrt{\frac{0{,}59 \cdot 0{,}41}{385}}$$

$$\Leftrightarrow 0{,}540 \leq p \leq 0{,}640$$

Der Stichprobenumfang von 385 reicht aus.

(Dies gilt auch mit einer Wahrscheinlichkeit von 99,7%; das 99,7%-Konfidenzintervall ist:

$0{,}515 \leq p \leq 0{,}655$.)

b) Wir testen die Hypothese:

Frauen, die das Geschlecht beeinflussen wollen, wünschen im gleichen Maße Söhne wie Töchter.

Dann ist $\mu = 113{,}5$, $\sigma = 7{,}53$.

Das Stichprobenergebnis liegt in der 1σ-Umgebung um den Erwartungswert der Erfolgswahrscheinlichkeit 0,5.

Die Hypothese wird nicht verworfen.

Alternativlösung:

Wir bestimmen ein 95,5%-Konfidenzintervall für den Anteil der Frauen, die sich einen Sohn wünschen (nach der Näherungsmethode):

$$|0{,}524 - p| \leq 2 \sqrt{\frac{0{,}524 \cdot 0{,}476}{227}}$$

$$\Leftrightarrow 0{,}458 \leq p \leq 0{,}590$$

Die Erfolgswahrscheinlichkeit $p = 0{,}5$ ist ebenfalls mit dem Stichprobenergebnis verträglich.

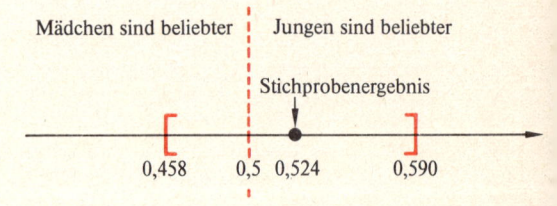

Mädchen sind beliebter | Jungen sind beliebter

Stichprobenergebnis

[0,458   0,5 0,524   0,590]

c) In diesem Falle darf das Konfidenzintervall nicht die Erfolgswahrscheinlichkeit 0,5 (und kleinere Werte) umfassen, d. h. bei 3-stelliger Genauigkeit:

$$|0{,}524 - p| \leq 2 \sqrt{\frac{0{,}524 \cdot 0{,}476}{n}} \leq 0{,}023$$

Dies ist für $n \geq 1886$ erfüllt.

Ü 1

1950 bis 1970 wurden in der Schweiz 1 944 700 Kinder geboren, darunter 997 600 Jungen.

Zeige, daß die Abweichungen der relativen Häufigkeiten der einzelnen Jahre nicht ungewöhnlich sind! (Beachte, daß Ausgänge außerhalb der 2σ-Umgebung durchschnittlich in einem von 22 Fällen auftreten können!)

Geburten in der Schweiz 1950–1970					
Jahr	Gesamtzahl d. Geburten	Anteil männl.	Jahr	Gesamtzahl d. Geburten	Anteil männl.
1950	81 600	0,5147			
1951	79 000	0,5151	1961	95 300	0,5105
1952	80 600	0,5135	1962	99 900	0,5119
1953	80 000	0,5128	1963	105 400	0,5115
1954	80 700	0,5096	1964	108 200	0,5123
1955	82 200	0,5130	1965	107 500	0,5159
1956	84 600	0,5149	1966	105 500	0,5139
1957	87 300	0,5132	1967	103 300	0,5121
1958	88 100	0,5138	1968	101 100	0,5133
1959	89 500	0,5142	1969	98 600	0,5122
1960	90 800	0,5110	1970	95 500	0,5163

(Quelle: Statistisches Jahrbuch der Schweiz, 1971)

Ü 2

Geburten in der Bundesrepublik Deutschland (einschl. Westberlin) 1946–1977					
Jahr	Gesamtzahl d. Geburten	Anteil männl.	Jahr	Gesamtzahl d. Geburten	Anteil männl.
1946	733 000	0,5190	1962	1 018 600	0,5143
1947	781 400	0,5180	1963	1 054 100	0,5140
1948	806 100	0,5193	1964	1 065 400	0,5143
1949	832 800	0,5180	1965	1 044 300	0,5144
1950	812 800	0,5179	1966	1 050 300	0,5136
1951	795 600	0,5161	1967	1 019 500	0,5136
1952	799 100	0,5169	1968	969 800	0,5137
1953	796 100	0,5152	1969	903 500	0,5141
1954	816 000	0,5157	1970	810 800	0,5135
1955	820 100	0,5161	1971	778 500	0,5143
1956	855 900	0,5154	1972	701 200	0,5139
1957	892 200	0,5165	1973	635 600	0,5132
1958	904 500	0,5162	1974	626 400	0,5132
1959	951 900	0,5156	1975	600 500	0,5148
1960	968 600	0,5143	1976	602 900	0,5132
1961	1 012 700	0,5141	1977	582 300	0,5147

a) Auf dem Gebiet der Bundesrepublik (einschl. Westberlin) wurden 1946 bis 1977 insgesamt 27 043 000 Kinder geboren, darunter 13 932 000 Jungen (51,52%).

Bestimme ein 99,7%-Konfidenzintervall für die Wahrscheinlichkeit einer Jungengeburt!

b) Überprüfe die Abweichungen der einzelnen Jahresdaten vom Wert 0,5152 (Schätzwert der Wahrscheinlichkeit einer Jungengeburt)!

c) Bestimme 99,7%-Konfidenzintervalle für die Wahrscheinlichkeiten p_1, p_2, p_3, p_4 einer Jungengeburt in den Jahren 1946–1953, 1954–1961, 1962–1969, 1970–1977!

Kann man sagen: $p_1 > p_2 > p_3 > p_4$?

Geburten in der Bundesrepublik Deutschland		
Zeitraum	Gesamtzahl der Geburten	Gesamtzahl der Jungengeburten
1946–53	6 356 900	3 290 000
1954–61	7 222 000	3 722 500
1962–69	8 125 500	4 176 300
1970–77	5 338 300	2 743 200

d) Bestimme ein 99,7%-Konfidenzintervall für die Wahrscheinlichkeit einer Jungengeburt in der Schweiz 1950–1970 (vgl. Ü 1)!

Vergleiche dies mit dem Konfidenzintervall von p_3 in b)!

e) Bestimme 99,7%-Konfidenzintervalle für die Wahrscheinlichkeit einer Jungengeburt auf dem Gebiet der DDR in den Jahren 1946–53, 1954–61, 1962–69 und 1970–77.

Geburten in der DDR		
Zeitraum	Gesamtzahl der Geburten	Gesamtzahl der Jungengeburten
1946–53	2 172 900	1 125 600
1954–61	2 298 800	1 186 200
1962–69	2 177 200	1 122 800
1970–77	1 632 100	839 300

Vergleiche die Konfidenzintervalle mit den entsprechenden aus der Bundesrepublik in c)!

Anmerkung: Es gibt verschiedene Theorien darüber, warum der Anteil der Jungengeburten in den Nachkriegsjahren größer war als heute; jedoch konnte keine dieser Theorien (Mangelernährung, Alter der Ehepartner u. a. m.) bewiesen werden.

Ü 3

Auf dem Gebiet der DDR (einschl. Ostberlin) wurden 1946 bis 1977 insgesamt 8281000 Kinder geboren, darunter 4273900 Jungen (51,61%).

Jahr	Geburten	Anteil männl.	Jahr	Geburten	Anteil männl.
1946	188700	0,5204	1962	298000	0,5151
1947	247300	0,5177	1963	301500	0,5147
1948	243300	0,5194	1964	291900	0,5142
1949	274000	0,5174	1965	281100	0,5169
1950	303900	0,5175	1966	268000	0,5134
1951	310800	0,5184	1967	252800	0,5143
1952	306000	0,5167	1968	245100	0,5147
1953	298900	0,5177	1069	238900	0,5149
1954	293700	0,5165	1970	236900	0,5132
1955	293300	0,5177	1971	234900	0,5149
1956	281300	0,5155	1972	200400	0,5145
1957	273500	0,5167	1973	180300	0,5141
1958	271400	0,5167	1974	179100	0,5138
1959	292000	0,5157	1975	181800	0,5152
1960	293000	0,5145	1976	195500	0,5134
1961	300800	0,5147	1977	223200	0,5147

Überprüfe die Abweichungen der einzelnen Jahresdaten vom Wert 0,5161!

Ü 4

Gibt es Monate im Jahr, in denen bei uns besonders viele oder besonders wenige Kinder geboren werden? (Falls die Geburten zufällig über das ganze Jahr verteilt sind, ist die Wahrscheinlichkeit für die Geburt eines Kindes im Januar $\frac{31}{365}$ bzw. $\frac{31}{366}$, usw.)

Anzahl der Lebendgeburten in der Bundesrepublik Deutschland (einschl. Westberlin)					
Monat	1977	1976	1975	1974	1973
Januar	47390	50150	51610	53900	52930
Februar	45100	48200	47900	48490	50850
März	50790	53230	50330	53490	55420
April	46680	49340	52750	53300	53280
Mai	50970	50890	51530	56600	55210
Juni	50830	50930	50840	51050	54300
Juli	48890	51990	53230	55980	56120
August	50700	51660	49550	53350	53780
September	49120	52430	50550	53350	50260
Oktober	47940	48100	48070	51780	52170
November	46730	47660	45010	47450	49120
Dezember	48350	49720	51390	50740	52190
insgesamt	583490	604300	602760	629480	635630

a) Prüfe, ob in einem Monat des Jahres 1977 ungewöhnlich viele bzw. wenige Kinder in der Bundesrepublik geboren wurden.

b) Treten diese signifikanten Abweichungen (auch) in den Vorjahren auf?

Hinweis zur Tabelle: Die Gesamtzahlen weichen geringfügig von den Daten in **Ü 2** ab. Dies ist für die Untersuchung unbedeutend.

Ü 5

In den Jahren 1876–1885 untersuchte GEISSLER in Sachsen die Geschlechtsverteilung in 10690 Familien mit 12 Kindern:

Anzahl der Jungen	Anzahl der Mädchen	beobachtete Anzahl der Familien
12	0	7
11	1	60
10	2	298
9	3	799
8	4	1398
7	5	2033
6	6	2360
5	7	1821
4	8	1198
3	9	521
2	10	160
1	11	29
0	12	6

a) Zeige: Die beobachtete Verteilung weicht von der theoretischen (Binomial-)Verteilung erheblich ab! (Wahrscheinlichkeit für eine Jungengeburt: $p = 0{,}5148$.)

b) Nach STERN werden die Abweichungen durch folgende Theorie erklärbar:

Die Wahrscheinlichkeit für eine Jungengeburt ist unterschiedlich für die einzelnen Familien.

Ist zum Beispiel die Wahrscheinlichkeit für eine Jungengeburt in der Hälfte der Familien einer Population gleich 0,615 und in der anderen Hälfte gleich 0,415, dann ist die Wahrscheinlichkeit für eine Jungengeburt in der Gesamtbevölkerung gleich 0,515.

Zeige für Familien mit 4 Kindern, daß die zu erwartende Verteilung nicht mit der (Binomial-)Verteilung für $p = 0{,}515$ übereinstimmt und daß die auftretende Verschiebung der beobachteten Verteilung in a) entspricht!

4.4. Glücksspiele

Jede Woche schauen Millionen Menschen fasziniert der Ziehung der Lottozahlen zu. Obwohl die Wahrscheinlichkeit für einen Gewinn sehr gering ist (vgl. Kapitel **1.4.**), werden wöchentlich ca. 90 Mio. DM für die Glücksspiele Lotto, Toto, Rennquintett, Spiel 77 u. a. m. ausgegeben.

In Kapitel **2.6.** haben wir untersucht, ob bei diesen Glücksspielen alles mit rechten Dingen zugeht (vgl. S. 59, Ü 4–Ü 5, und S. 60, Ü 14–Ü 15). Dies wird hier fortgesetzt: **Ü 2–Ü 5**.

Schon immer haben Glücksspiele fasziniert. Ein Würfelspiel war 1654 Anlaß für PASCAL und FERMAT, grundlegende Regeln für die Wahrscheinlichkeitsrechnung zu entwickeln.

Selbst einfache Würfelspiele wie *Mensch ärgere Dich nicht* können lange dauern. Daher lassen wir einen Computer ein solches Spiel simulieren, um die Gewinnchancen schätzen zu können: **Ü 6**.

Aufgabe:

Die Wahrscheinlichkeit für drei bzw. vier richtige Tips im Lottospiel *6 aus 49* ist

$\frac{246\,820}{13\,983\,816}$ bzw. $\frac{13\,545}{13\,983\,816}$ (vgl. S. 36, **Ü 29**).

In der 17. Ausspielung des Jahres 1979 wurden 160 897 133 Tips abgegeben, darunter waren

2 517 338 Tips mit 3 Richtigen und
128 162 Tips mit 4 Richtigen.

Ist dies ungewöhnlich?

Lösung:

Wir bestimmen Erwartungswert und Standardabweichung für die Anzahl der Gewinner in der Stichprobe vom Umfang 160 897 133:

	Anzahl der Gewinner	Erwartungswert	Standardabweichung
3 Richtige	2 517 338	2 839 899	1 670
4 Richtige	128 162	155 848	395

Die Stichprobenausgänge liegen in beiden Rängen erheblich außerhalb der 3σ-Umgebungen.

Das zugrundeliegende Modell *(die 160 Millionen Tips sind unabhängige Versuchsdurchführungen)* ist also nicht anwendbar.

Ü 1

Prüfe die Hypothese:

Beim Lottospiel werden die kleineren Zahlen (unter 25) häufiger getippt als die größeren (über 25).

Untersuche dazu die folgenden ausgewählten Ausspielungsergebnisse, bei denen 1 bzw. 5 Gewinnzahlen unter 25 gezogen wurden!

Aussp. Nr.	Gewinnzahlen unter 25	Tips insgesamt	Tips mit 3 Richtigen	Tips mit 4 Richtigen
19/77	1	144 916 063	2 456 513	117 030
23/77	1	139 718 319	2 191 520	101 520
29/77	1	136 167 485	2 345 183	136 002
42/77	1	142 135 735	2 355 363	118 828
44/77	1	142 967 345	2 226 166	101 686
48/77	1	146 206 863	2 311 251	105 652
4/77	5	142 789 328	3 286 560	204 324
5/77	5	144 701 417	2 725 293	151 294
8/77	5	142 821 489	2 551 638	133 212
35/77	5	137 584 376	2 829 021	161 785
39/77	5	139 566 265	2 641 032	150 799

Ü 2

Jemand behauptet, daß die Ziehungsmethode beim Lottospiel *6 aus 49* die größeren Zahlen bevorzuge: Die zuerst in die Lostrommel fallenden Kugeln werden häufiger gezogen als die anderen.

Läßt sich diese Hypothese halten?

Betrachte dazu die folgenden Daten:

a) Absolute Häufigkeit, mit der die Zahlen der unteren Reihe(n) in den 1212 Wochenziehungen bis Ende 1978 gezogen wurden:

  (1) Zahlen 43 bis 49: 1064 mal

  (2) Zahlen 36 bis 49: 2130 mal

  (3) Zahlen 29 bis 49: 3196 mal

  (4) Zahlen 22 bis 49: 4232 mal

  (5) Zahlen 15 bis 49: 5264 mal

b) Absolute Häufigkeit, mit der die Zahlen der unteren Reihe(n) als *erste* Zahl einer Wochenziehung gezogen wurden (nach 1212 Ziehungen):

  (1) Zahlen 43 bis 49: 172 mal

  (2) Zahlen 36 bis 49: 354 mal

  (3) Zahlen 29 bis 49: 534 mal

  (4) Zahlen 22 bis 49: 718 mal

  (5) Zahlen 15 bis 49: 900 mal

Ü 3

Bei jeder Wochenziehung wird nach den 6 Gewinnzahlen noch die Zusatzzahl gezogen.

Gibt es (nach 1176 Wochenziehungen, in denen eine Zusatzzahl gezogen wurde)

a) in der Übersicht der gezogenen Zusatzzahlen,

b) in der Übersicht aller im Lotto gezogenen Zahlen (Gewinnzahlen *und* Zusatzzahlen) ungewöhnliche Ausgänge?

Zahl	Häufigkeit der Ziehung Zusatzz.	insges.	Zahl	Häufigkeit der Ziehung Zusatzz.	insges.
1	23	166	26	26	180
2	29	184	27	18	156
3	27	180	28	28	158
4	20	155	29	23	170
5	22	153	30	25	166
6	20	163	31	18	174
7	29	165	32	23	189
8	27	163	33	25	172
9	18	176	34	22	156
10	31	162	35	29	170
11	24	160	36	22	177
12	16	151	37	17	149
13	25	144	38	26	181
14	20	158	39	22	175
15	27	163	40	22	178
16	32	168	41	23	163
17	24	173	42	32	166
18	27	168	43	17	161
19	27	175	44	21	160
20	20	160	45	20	168
21	23	181	46	21	172
22	26	173	47	23	158
23	32	174	48	24	181
24	24	159	49	29	194
25	27	184			

Ü 4

Die Wahrscheinlichkeit dafür, daß bei einer Lotto-Wochenziehung zwei benachbarte Zahlen gezogen werden beträgt $1 - \binom{44}{6} / \binom{49}{6}$ (vgl. S. 36, Ü 31).

Prüfe anhand der folgenden Tabelle, ob

a) in einem Jahr in besonders vielen oder wenigen Wochenziehungen benachbarte Zahlen gezogen wurden,

b) in allen Wochenziehungen insgesamt (bis Ende 1978) ungewöhnlich viele oder wenige Wochenziehungen mit benachbarten Zahlen waren!

Jahr	Wochenziehungen gesamt	mit benachbarten Zahlen	Jahr	Wochenziehungen gesamt	mit benachbarten Zahlen
1955–1956	64	28	1968	52	28
1957	52	30	1969	52	23
1958	52	30	1970	52	26
1959	52	26	1971	52	27
1960	52	31	1972	53	28
1961	53	29	1973	52	23
1962	52	30	1974	52	33
1963	52	26	1975	52	20
1964	52	28	1976	52	23
1965	52	22	1977	53	33
1966	52	22	1978	52	29
1967	53	27	1955–1978	1212	622

Ü 5

Beim *Spiel 77* wird eine 7stellige Zahl ausgelost (Ziffer für Ziffer einzeln).

Bis Ende 1978 gab es insgesamt 209 Ziehungen (1975, 1976 und 1978 je 52, 1977 53).

a) Vergleiche die Häufigkeiten, mit denen die einzelnen Ziffern auftreten, mit den entsprechenden Erwartungswerten!

Ziffer	Häufigkeit 1975	1976	1977	1978	insges.
1	35	33	30	49	147
2	30	37	32	31	130
3	35	39	39	36	149
4	34	35	28	41	138
5	42	45	39	27	153
6	40	36	36	40	152
7	31	33	41	35	140
8	48	31	31	33	143
9	36	37	45	40	158
0	33	38	50	32	153

b) Überprüfe die Verteilung der geraden und ungeraden Ziffern in den Gewinnzahlen:

Gerade Ziffern in einer Wochenziehung	Ungerade Ziffern	Anzahl der Wochenziehungen
0	7	1
1	6	18
2	5	38
3	4	55
4	3	52
5	2	30
6	1	13
7	0	2

Ü 6

Wir spielen ein Würfelspiel auf folgendem Spielfeld:

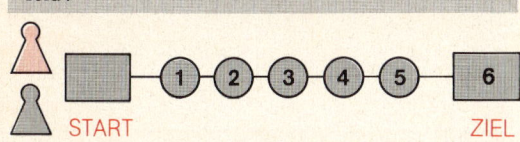

START — □ — ① — ② — ③ — ④ — ⑤ — 6 ZIEL

Zwei Spieler würfeln abwechselnd und bewegen ihre Spielfiguren entsprechend der Augenzahl vom Startfeld aus in Richtung auf das Zielfeld.

Es gelten die beiden Spielregeln:

(1) Trifft eine Spielfigur auf ein bereits besetztes Feld, dann muß die dort stehende Spielfigur zum Startfeld zurück (wie bei *Mensch ärgere Dich nicht*).
(2) Gewonnen hat derjenige Spieler, dessen Spielfigur als erste im Zielfeld ankommt (oder das Zielfeld passiert).

Obwohl das Spielfeld kurz ist, gelingt es nicht, die Wahrscheinlichkeit für den Sieg des beginnenden Spielers zu bestimmen.

Daher wird mit dem Zufallszahlengenerator eines Computers das Spiel häufig durchgeführt, um die Wahrscheinlichkeit zu schätzen.

a) Bei fünf Spielrunden von je 1000 Spielen gewann der beginnende Spieler 662, 645, 660, 621, 631 Spiele.

Bestimme jeweils 95,5%-Konfidenzintervalle für die Wahrscheinlichkeit, daß der beginnende Spieler gewinnt! Sind die Ergebnisse der fünf Spielrunden miteinander verträglich?

b) Mit variierter Spielfeldlänge ergab sich:

Anzahl der Spielfelder	Anzahl der Spiele	Anzahl der Siege des beginnenden Spieles
2	3000	2625
3	6000	4578
4	4000	2757
5	1000	658
6	5000	3219
9	8000	4876
12	5000	2945
15	4000	2300
18	2000	1115
30	1000	550
60	200	103

Bestimme wieder 95,5%-Konfidenzintervalle für die Wahrscheinlichkeit, daß der beginnende Spieler gewinnt!

c) Wie viele Spiele werden nach dem ersten, zweiten, dritten, vierten Wurf beendet sein? Vergleiche die theoretischen Werte (Erwartungswerte) mit den folgenden einer Computersimulation!

Anzahl der Spielfelder	Nach dem ... Wurf beendet				Anzahl Spiele
	1.	2.	3.	4.	
2	2545	363	77	11	3000
3	3992	1295	555	121	6000
4	2010	1038	692	188	4000
5	327	201	285	126	1000
6	814	717	1936	866	5000
9	—	—	1837	1439	8000

Anleitung: Bei einem Spielfeld mit 2 Feldern wird mit Wahrscheinlichkeit $\frac{5}{6}$ das Ziel im 1. Wurf erreicht. In $\frac{1}{6}$ der Fälle erwartet man die Augenzahl 1; in $\frac{5}{6}$ *dieser* Fälle (d. h. $\frac{5}{36}$ *aller* Fälle) wird dann der andere Spieler mit dem 2. Wurf ins Ziel kommen....

Ü 7

Wir würfeln mit dem Zufallszahlengenerator eines Computers.

a) Bei 1485 Würfen trat Augenzahl 1 234mal auf.
b) Bei 3015 Würfen trat Augenzahl 2 472mal auf.
c) Bei 4972 Würfen trat Augenzahl 3 863mal auf.
d) Bei 6791 Würfen trat Augenzahl 4 1199mal auf.
e) Bei 10150 Würfen trat Augenzahl 5 1627mal auf.
f) Bei 15631 Würfen trat Augenzahl 6 2691mal auf.

Ist dieser Computer-Würfel in Ordnung?

Ü 8

Bei einem Spiel für 2 Spieler wird eine Münze 200mal geworfen. Nach jedem Wurf rückt man auf einem Spielfeld um ein Feld nach rechts, wenn Wappen oben liegt, und um ein Feld nach links, wenn Zahl oben liegt.

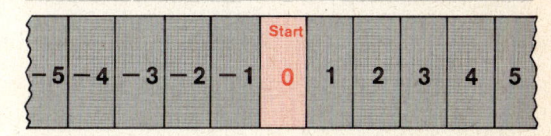

| −5 | −4 | −3 | −2 | −1 | 0 (Start) | 1 | 2 | 3 | 4 | 5 |

Die Zahl im Feld zeigt am Ende des Spiels den Gewinn des ersten Spielers an (bei negativer Zahl gewinnt der zweite Spieler).

In welchem Bereich liegen 68% (95,5%, 99,7%) der Gewinne?

4.5. Sprache und Namen

Für verschiedene Probleme in Wirtschaft und Verwaltung ist es wichtig, die Häufigkeit der Anfangsbuchstaben von Familiennamen zu kennen; z. B. werden bei der amtlichen Stichprobennahme die zu Befragenden nach dem Anfangsbuchstaben der Familiennamen ausgesucht.

In Ü 1 und Ü 2 werten wir eine Erhebung des Statischen Bundesamtes aus.

Sprachuntersuchungen beschäftigen sich mit der Häufigkeit der einzelnen Buchstaben (Ü 3) und mit der Silbenzahl von Wörtern (Ü 4).

Aufgabe:

Wie viele Personen mit Familiennamen Schmidt (oder Schmitt, Schmit, Schmied) gibt es in Essen?

Schätze die Anzahl mit Hilfe eines Essener Telefonbuchs! (Einwohnerzahl von Essen: 667000)

Kanzler beim Namensfestival
5300 Schmidts, Schmitts und Schmieds kamen
Von unserem Redakteur Gérard S c h m i d t

Essen — Einen genauen Grund konnte niemand angeben, wie es zu diesem Supertreffen aller Schmidt, Schmitt, Schmit und Schmied am Freitag in Essen gekommen ist. Niemand bestreitet indessen, daß die Besetzung des Kanzlerstuhls mit einem qualifizierten Träger dieses hoffnungslos durchschnittlichen Namens zu den wesentlicheren Gründen gehört. Mehrere tausend Schmidts aller Schreibweisen — offiziell gab die Stadtverwaltung deren Zahl mit 5300 an — kamen in den Grugapark. Wo immer in Halle und Park der Gruga scherzhaft gelacht wurde, durfte man davon ausgehen, daß Träger dieses Namens ein Gespräch mit einer formellen Vorstellung begonnen hatten.

Die Idee eines Namens-Festivals stammt aus Essen und ist, jedenfalls soweit es um Freibier geht, auf Essener Bürger beschränkt. Im Laufe der vergangenen vier Jahre entwickelte man aus den Tagen der offenen Tür der Stadtverwaltung die „Essener Tage". Sie finden jetzt alljährlich statt und umfassen diesmal über 300 Veranstaltungen aller Art.

Vor zwei Jahren kam irgendeiner auf die Idee, innerhalb dieser Woche ein Treffen von Leuten mit Allerweltsnamen zu arrangieren. Damals waren das die Lehmanns, obwohl es noch heute sogar an einem Kanzlerkandidaten gleichen Namens mangelt. Im letzten Jahr hatte man dann die Wirksamkeit einer solchen Identifikationsmöglichkeit für die bedauernswerten Träger grauer Allerweltsnamen endgültig erkannt.

Kölner Stadt-Anzeiger, 2/3. 9. 78.

Lösung:

Wir vereinfachen die Stichprobennahme, indem wir z. B. in jeder Spalte des Telefonbuchs den ersten Namen lesen. Man findet im Telefonbuch 78/79 in 27 von 4204 Spalten den Namen Schmidt (Schmitt, ...). Aus der relativen Häufigkeit $\frac{X}{n} = \frac{27}{4204} \approx 0{,}0064$ schätzen wir den Anteil (Sicherheitswahrscheinlichkeit 95,5%): $0{,}0044 \le p \le 0{,}0094$.

Das 95,5%-Konfidenzintervall für μ ist demnach:
$2930 \le \mu \le 6270$

Ü 1

Im Rahmen der Volkszählung 1970 wurden die Familiennamen aller Bewohner der Bundesrepublik (einschl. Westberlin) erfaßt, die am 31. März, 31. Mai oder 31. Juli geboren waren. Unter den insgesamt 503400 Personen ergaben sich die folgenden relativen Häufigkeiten:

Anfangs-buchst.	Anteil in % einzeln	kumuliert	Anfangs-buchst.	Anteil in % einzeln	kumuliert
A	1,992	1,992	M	6,755	60,230
B	9,847	11,839	N	2,042	62,272
C	1,018	12,857	O	1,260	63,532
D	3,381	16,238	PQ	3,983	67,515
E	2,465	18,703	R	5,392	72,907
F	3,962	22,665	S	14,923	87,830
G	5,247	27,912	T	2,296	90,126
H	9,058	36,970	UV	1,788	91,914
IJ	2,133	39,103	W	6,598	98,512
K	9,812	48,915	XYZ	1,488	100,000
L	4,560	53,475			

a) Bestimme 95,5%-Konfidenzintervalle für die Wahrscheinlichkeit, daß der Familienname einer zufällig ausgesuchten Person mit dem Buchstaben B (D, M, O,) beginnt!

Die Breite der Konfidenzintervalle in a) ist klein, da der Stichprobenumfang groß ist. Daher benutzen wir in den Teilaufgaben b), c) und d) die oben angegebenen relativen Häufigkeiten als (Schätzwerte für) Wahrscheinlichkeiten:

b) Unter 164 Beschäftigten einer Firma sind 15, deren Familienname mit B (16 mit H, 10 mit K, 28 mit S) beginnt.

Sind diese Häufigkeiten mit den Werten der Tabelle verträglich?

c) In einer Stichprobe wurde geprüft, mit welchem Buchstaben ein in der Mitte der Seite eines Telefonbuches stehender Name beginnt.

Ist die Verteilung der Anfangsbuchstaben regional verschieden?

Anfangs-buchstabe	Mün-chen	Stutt-gart	Frank-furt	Köln	Ham-burg	Ber-lin
B	191	92	86	117	283	291
S	328	145	137	173	386	460
W	136	60	56	75	172	194
A–J	852	377	382	474	1106	1184
K–M	431	195	189	262	573	688
N–Z	870	369	365	473	1100	1279
gesamt	2153	941	936	1209	2779	3151

Ü 2

Anläßlich der Volkszählung 1970 (vgl. **Ü 1**) wurde auch untersucht, welche Familiennamen am häufigsten auftreten:

Müller	1,008%
Schmid (Schmidt, Schmitt)	0,987%
Maier (Mayer, Meier, Meyer)	0,788%
Schneider	0,422%
Hoffmann (Hofmann)	0,384%
Fischer	0,379%

a) Bestimme 95,5%-Konfidenzintervalle für den Anteil der Bevölkerung, die einen der oben angegebenen Familiennamen haben! (Stichprobenumfang: 503 400)

Wieviel Personen sind dies jeweils? (Wohnbevölkerung der Bundesrepublik (einschl. Westberlin) 1970: 60,65 Mio.)

b) Teste die Hypothese, daß die Verteilung der Familiennamen regional verschieden ist!

Beispiel (vgl. Aufgabe S. 100):

Stadt	Anzahl der Spalten	
	Müller	gesamt
München	82	10 765
Stuttgart	43	4 705
Frankfurt	53	4 680
Köln	69	6 045
Hamburg	98	13 895
Berlin	147	15 755

(aus Telefonbüchern 1978/79)

c) Der Name *Huber* kommt in 56 von insgesamt 10 765 Spalten des Münchener Telefonbuches vor – in der Volkszählung ergab sich eine relative Häufigkeit von 0,145%.

Der Name *Schmitz* war in der Stichprobe der Volkszählung mit 0,186% vertreten – im Kölner Telefonbuch sind 54 von 6045 Spalten mit diesem Namen gefüllt.

Der Name *Peters* – in der Volkszählung mit 0,127% vertreten – nimmt im Hamburger Telefonbuch 41 von 13 895 Spalten ein.

Können die Abweichungen zufällig sein?

Ü 3

In Band 1 der *Informatik* von BAUER/GOOS (Springer Verlag, Berlin, 1971) findet man folgende *Wahrscheinlichkeiten für das Auftreten der Buchstaben in der deutschen Sprache*:

Buchstabe	p_i	Buchstabe	p_i
–*	0,1515	o	0,0177
e	0,1470	b	0,0160
n	0,0884	z	0,0142
r	0,0686	w	0,0142
i	0,0638	f	0,0136
s	0,0539	k	0,0096
t	0,0473	v	0,0074
d	0,0439	ü	0,0058
h	0,0436	p	0,0050
a	0,0433	ä	0,0049
u	0,0319	ö	0,0025
l	0,0293	j	0,0016
c	0,0267	y	0,0002
g	0,0267	q	0,0001
m	0,0213	x	0,0001

* Zwischenräume und Interpunktionen.

a) Welchen Umfang der Stichprobe muß man wählen, um diese Wahrscheinlichkeiten auf 4 Dezimalen genau bestimmen zu können?

(Sicherheitswahrscheinlichkeit 95,5%)

Spielt es dabei eine Rolle, welcher Buchstabe betrachtet wird?

b) In einem Zeitungsartikel mit 1286 Buchstaben, Zwischenräumen und Interpunktionen treten 204 *e*, 93 *n* und 84 *r* auf.

Prüfe, ob die Stichprobe als zufällig angesehen werden kann!

c) Führe selbst Stichproben durch und werte die Ergebnisse aus!

Ü 4

Wilhelm FUCKS bemerkt in seinem Buch *Nach allen Regeln der Kunst* (Deutsche Verlagsanstalt, Stuttgart, 1968), daß 55% der in belletristischen Texten benutzten Wörter der deutschen Sprache einsilbig, 31% zweisilbig, 9% dreisilbig sind. Diese Angaben stellen nur Durchschnittswerte dar, von denen verschiedene Schriftsteller charakteristische Abweichungen aufweisen.

Welchen Umfang muß eine Stichprobe haben, die solche Angaben (auf 0,5% genau) ermöglicht? (Sicherheitswahrscheinlichkeit 95,5%)

4.6. Verschiedene Gebiete

Ü 1

Mit einem *Hand-Dominanz-Test* stellt man fest, ob Kinder im Alter zwischen 6 und 10 Jahren eher als linkshändig oder als rechtshändig zu bezeichnen sind.

Spurennachzeichnen

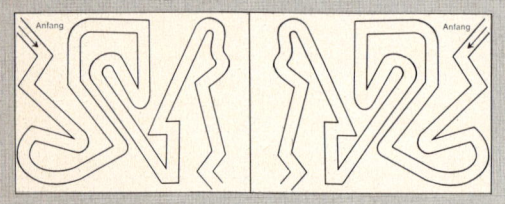

Mit der rechten und mit der linken Hand müssen u. a. Spuren nachgezeichnet und Punkte in Kreise gesetzt werden. Für richtige Teile der Zeichnungen werden jeweils Punkte verteilt. Je nach dem, ob eine Person mit der rechten oder mit der linken Hand mehr Punkte erzielt, bezeichnet man sie als rechtshändig oder als linkshändig. Zur Vereinfachung werde der Fall gleicher Punktzahl (Beidhändigkeit) nicht betrachtet.

Die Einteilung in Links- und Rechtshänder ist grob. Es geht eine Fülle von Informationen verloren: Personen mit ausgeprägter Links- oder Rechtshändigkeit werden mit Personen zusammengefaßt, die fast beidhändig sind. Die Auswertung ist allerdings einfacher.

Kreisepunktieren

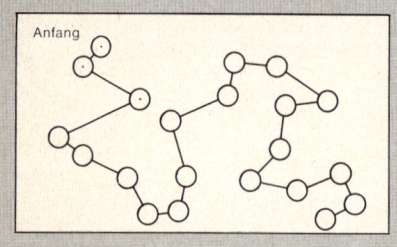

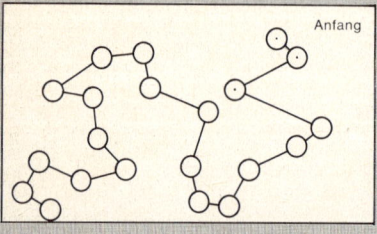

Verkleinerte Abbildungen entnommen aus dem HD-Test mit frdl. Genehmigung des Verlags für Psychologie Dr. C. J. Hogrefe, Postfach 414, 3400 Göttingen

11% der getesteten Mädchen und 13% der getesteten Jungen sind Linkshänder.

a) Bei einem Einschulungstest im 1. Schuljahr fand man in einer Gruppe von 117 Mädchen und 125 Jungen 18 bzw. 10 Linkshänder.

  Sind die Ergebnisse mit den o. a. Prozentsätzen verträglich?

b) Bei einem Test von 305 14jährigen Mädchen erwiesen sich 20 als Linkshänder; bei 312 gleichaltrigen Jungen waren dies 25.

  Deutet dies darauf hin, daß Jugendliche ihre Linkshändigkeit *verlernen*?

c) Die Prozentsätze 11% bzw. 13% wurden aus einer Stichprobe von 677 Mädchen bzw. 629 Jungen gewonnen.

  Wie genau kann man aus diesen Stichproben die Anteile der Linkshänder schätzen?

  (Sicherheitswahrscheinlichkeit 95,5%)

Ü 2

In einem Multiple-Choice-Test werden 40 (50, 60) Items (Aufgaben) mit je 4 (5) Distraktoren (Antworten zur Auswahl) gestellt, von denen nur einer richtig ist.

Der Lehrer, der diesen Test durchführt, will eine Schülerleistung als (mindestens) *ausreichend* bezeichnen, wenn die Anzahl richtig beantworteter Items nicht mit 97,9% Wahrscheinlichkeit durch bloßes Raten erreicht wird. Als Ratewahrscheinlichkeit wird 0,25 (0,2) angesetzt.

a) Bestimme die hierfür notwendige Mindestanzahl richtiger Items!

b) Wie viele Items muß ein Test haben, damit ein Schüler durch bloßes Raten höchstens 30% der Items richtig beantworten kann?

c) Ein Schüler hat bei einem Test von 50 Items 40 (30) richtig beantwortet.

  Bestimme ein 95,5%-Konfidenzintervall für das Leistungsvermögen des Schülers: Mit welcher Wahrscheinlichkeit kann der Schüler richtige Antworten geben?

Anmerkung: Beim hier angewandten Binomial-Test-Modell nach KLAUER geht man davon aus, daß der Test das Leistungsvermögen mißt; die Abweichungen vom Erwartungswert entsprechen den Abweichungen einer binomialverteilten Zufallsgröße. (Vgl. FRICKE-KLAUER: Lernzielorientierte Tests, Schwann, 1972.)

Ü 3

Jemand fährt an Werktagen mit seinem Auto zur Arbeit. Er will mit Hilfe des Kilometerzählers die Strecke möglichst genau bestimmen. Der Kilometerzähler zeigt nur volle Kilometer an.

a) Unter welcher Voraussetzung ist dies ein BERNOULLI-Versuch?
b) Mit welcher Wahrscheinlichkeit wird der Kilometerzähler eine Differenz von 3 km anzeigen, wenn die Strecke 3,8 km lang ist?
c) Bei 84 Fahrten zeigte der Kilometerzähler 21mal 5 km und 63mal 6 km Differenz an. Schätze die Streckenlänge!
d) Wie oft muß die Strecke zurückgelegt werden, um ihre Länge auf 50 m genau zu bestimmen? (Sicherheitswahrscheinlichkeit 95,5%)

Ü 4

Ein LKW-Hersteller wirbt für seine Fahrzeuge u. a. mit der Bemerkung, daß mehr als die Hälfte aller LKW auf Deutschlands Straßen von dieser Firma produziert würde. Bei einer Fahrt auf einem Autobahnabschnitt begegnen uns 59 LKW, davon 39 von der betreffenden Firma.

Beweist dieses Resultat die Firmenveröffentlichung?

Ü 5

An 134 Patienten, die unter Schlafstörungen leiden, wurde die Wirkung zweier Schlafmittel erprobt. Bei 77 Patienten wirkte Schlafmittel A besser als Schlafmittel B.

Widerspricht das Versuchsergebnis der Hypothese

Beide Schlafmittel sind gleich gut?

Ü 6

57 Testfelder werden zur Hälfte (A) mit einem neuen Düngemittel, zur anderen Hälfte (B) mit den bisher üblichen Stoffen gedüngt.

Auf 34 (38) Feldern werden in den A-Hälften bessere Ernteerträge erzielt als in den B-Hälften.

Ist ein einseitiger Test oder ein zweiseitiger Test angemessen?

Formuliere eine Hypothese!

Ü 7

Nach einem Bericht im SPIEGEL 37/1978 wurde in 31 Krankenhäusern der Bundesrepublik ein neues Medikament, das die Eiweißzersetzung unterdrückt, nach folgender Methode getestet:

Verletzte, die an einem *geraden* Tag mit einem Verletzungsschock eingeliefert wurden, erhielten das Medikament; den übrigen Patienten mit gleichem Befund wurde die Arznei nicht gegeben.

Von 682 an geraden Tagen eingelieferten Patienten starben 72; bei den übrigen Patienten ergab sich ein Verhältnis von 91 Verstorbenen bei 627 Verletzten. (Hier sind nur Zahlen der Patienten aufgeführt, die innerhalb von 30 Minuten nach dem Unfall behandelt wurden.)

Ist der Unterschied signifikant?

Anleitung: Schätze die Erfolgswahrscheinlichkeit der bisherigen Methode durch das o. a. Verhältnis!

Ü 8

a) 5000 Männer schließen im Alter von 30 Jahren eine Lebensversicherung mit 25jähriger Laufzeit ab.

   Mit welchem Anteil vorzeitig sterbender Versicherungsnehmer muß die Versicherungsgesellschaft rechnen (vgl. Tabelle S. 10)?

   (Sicherheitswahrscheinlichkeit 95,5%)

b) Bestimme diesen Anteil für 5000 Personen, die im Alter von 35 Jahren eine Versicherung mit gleicher Laufzeit abgeschlossen haben!

c) Das höhere Risiko der älteren Versicherungsnehmer in b) gleicht die Gesellschaft durch entsprechend höhere Prämien aus. Welche Prämien müssen die älteren Versicherungsnehmer monatlich bezahlen, wenn die monatliche Prämie der jüngeren Versicherungsnehmer aus a) 29,30 DM beträgt? (Versicherungssumme 10000 DM)

d) Berechne die entsprechenden Prämiensätze für weibliche Versicherungsnehmer!

e) Berechne die Versicherungsprämie für den Versicherungsbeginn mit 45 Jahren! Vergleiche die Summe der in 25 Jahren gezahlten Prämien mit der Versicherungssumme!

Ausblick

1. Normalverteilung

In Kapitel **2.6** zeigten wir, daß die Standardabweichung σ ein brauchbares Maß für die Streuung der Ausgänge um den Erwartungswert μ ist: Auch für verschiedene Stichprobenumfänge n und Erfolgswahrscheinlichkeiten p sind die Wahrscheinlichkeiten für Ausgänge in den σ-Umgebungen von μ nahezu gleich (falls die LAPLACE-Bedingung erfüllt ist).

Diese Eigenschaft gilt auch für Zwischenwerte $z \cdot \sigma$:

z	$P(|x-\mu| \leq z \cdot \sigma)$
1	0,68
1,5	0,866
1,65	0,901
1,96	0,950
2	0,955
2,5	0,988
2,58	0,990
2,81	0,995
3	0,997

Diese Werte entnimmt man Tabellen der sogenannten *Standard-Normalverteilungsfunktion*.

Die Konstanz der Wahrscheinlichkeiten für σ-Umgebungen hängt nämlich mit der folgenden Eigenschaft von Binomialverteilungen zusammen:

Bei großem Stichprobenumfang nähern sich ihre Graphen (Histogramme) dem Graphen einer stetigen Funktion: der Normalverteilung.

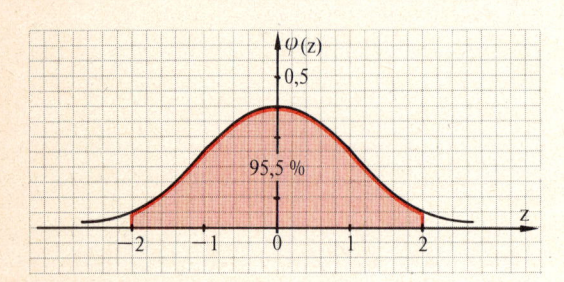

Die Standard-Normalverteilung hat die Funktionsgleichung:

$$\varphi(z) = \frac{1}{\sqrt{2\pi}} e^{-\frac{z^2}{2}}$$

wobei $e = 2{,}71828\ldots$ die EULERsche Zahl ist.

Dieser Zusammenhang wird deutlich, wenn man die Histogramme von Binomialverteilungen in Koordinatensysteme mit anderen Einteilungen auf den Achsen zeichnet.

Auf der horizontalen Achse messen wir alles in Einheiten von σ:

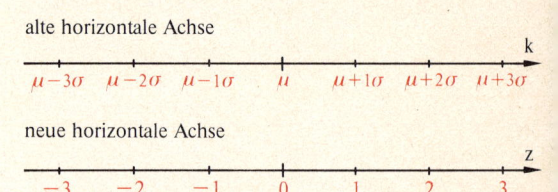

alte horizontale Achse: $\mu-3\sigma, \mu-2\sigma, \mu-1\sigma, \mu, \mu+1\sigma, \mu+2\sigma, \mu+3\sigma$ (k)

neue horizontale Achse: $-3, -2, -1, 0, 1, 2, 3$ (z)

Auf der neuen horizontalen Achse haben die Rechtecke des Histogramms alle die Breite $\frac{1}{\sigma}$.

Multipliziert man die Wahrscheinlichkeiten für die einzelnen Ausgänge (und damit die Höhen der Rechtecke im Histogramm) mit σ, dann bleibt der Flächeninhalt jedes Rechtecks trotz der Maßstabsänderung erhalten *(Standardisierung)*.

Beispiel:

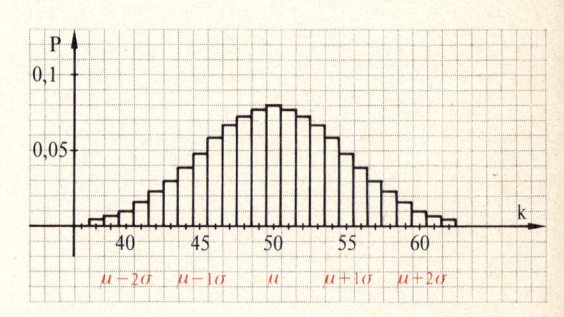

Binomialverteilung für $p = 0{,}5$ und $n = 100$ ($\sigma = 5$)

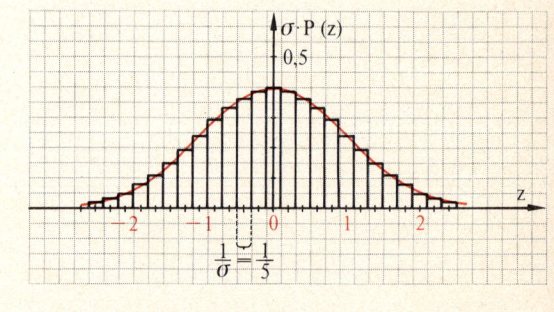

Standardisierte Binomialverteilung für $p = 0{,}5$; $n = 100$ und die Standard-Normalverteilung

2. Polynomialverteilung

In diesem Buch betrachteten wir bisher vor allem Zufallsversuche mit zwei Ausgängen auf jeder Stufe (BERNOULLI-Versuche). Die Wahrscheinlichkeit, daß der erste Ausgang k_1-mal, der andere Ausgang k_2 ($= n - k_1$)-mal eintritt, ist:

$$P(X_1 = k_1 \wedge X_2 = k_2) = \binom{n}{k_1} \cdot p_1^{k_1} \cdot p_2^{k_2}.$$

Wahrscheinlichkeiten von Zufallsversuchen, bei denen auf jeder Stufe drei Ausgänge (mit den Erfolgswahrscheinlichkeiten p_1, p_2, p_3) auftreten, berechnet man entsprechend:

$$P(X_1 = k_1 \wedge X_2 = k_2 \wedge X_3 = k_3)$$
$$= \binom{n}{k_1}\binom{n-k_1}{k_2} p_1^{k_1} p_2^{k_2} p_3^{k_3}$$
$$= \frac{n!}{k_1! \, k_2! \, k_3!} p_1^{k_1} p_2^{k_2} p_3^{k_3}$$

wobei $k_1 + k_2 + k_3 = n$ und $p_1 + p_2 + p_3 = 1$.

Allgemein gilt für Zufallsversuche mit r möglichen Ausgängen auf jeder Stufe:

$$P(X_1 = k_1 \wedge \ldots \wedge X_r = k_r) = \frac{n!}{k_1! \ldots k_r!} p_1^{k_1} \ldots p_r^{k_r}$$

wobei $k_1 + \ldots + k_r = n$ und $p_1 + \ldots + p_r = 1$.

Die zugehörige Verteilung bezeichnet man als **Polynomialverteilung**. Erwartungswert und Standardabweichung der einzelnen Zufallsgrößen $X_1, \ldots, X_r$ berechnen sich wie bei BERNOULLI-Versuchen:
$\mu_i = E(X_i) = n \cdot p_i$, $\sigma_i^2 = V(X_i) = n \cdot p_i \cdot (1 - p_i)$.

Beispiel:

(1) Verteilung mit $n = 5$ und $p_1 = 0,4$; $p_2 = 0,2$; $p_3 = 0,4$

k_1\\k_2	0	1	2	3	4	5
0	0,010	0,026	0,026	0,013	0,003	0,000
1	0,051	0,102	0,077	0,026	0,003	—
2	0,102	0,154	0,077	0,013	—	—
3	0,102	0,102	0,026	—	—	—
4	0,051	0,026	—	—	—	—
5	0,010	—	—	—	—	—

Das Maximum der Verteilung liegt beim Ausgang $k_1 = 2$, $k_2 = 1$, $k_3 = 2$, da $\mu_1 = E(X_1) = 0,4 \cdot 5 = 2$, $\mu_2 = E(X_2) = 0,2 \cdot 5 = 1$, $\mu_3 = E(X_3) = 0,4 \cdot 5 = 2$.

Darstellung der Verteilung:

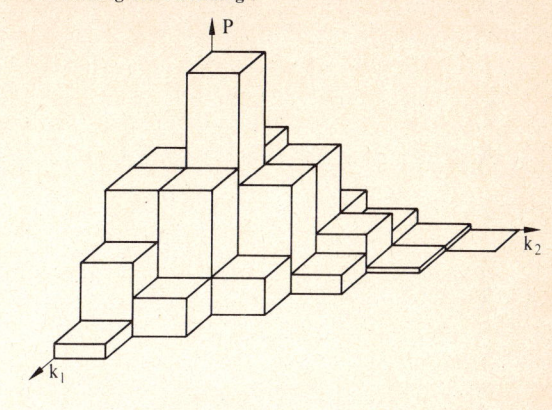

Ungewöhnliche Stichprobenergebnisse bei Polynomialverteilungen

Bei Binomialverteilungen mit großen Stichprobenumfang haben wir die Abweichungen der Anzahl der Erfolge (k_1) vom Erwartungswert (μ_1) mit der Standardabweichung (σ_1) verglichen, um ungewöhnliche von verträglichen Stichprobenergebnissen zu unterscheiden.

Bei Zufallsversuchen mit mehr als 2 möglichen Ausgängen auf jeder Stufe ist dies schwieriger.

Beispiel:

(2) Aus Kreuzungsversuchen mit Pflanzen gehen drei Arten mit den Wahrscheinlichkeiten $p_1 = 0,5$; $p_2 = 0,25$; $p_3 = 0,25$ hervor.
Bei einem Versuch erhielt man insgesamt 60 Pflanzen, davon 27 von der ersten, 10 von der zweiten und 23 von der dritten Art.
Ist das Stichprobenergebnis ungewöhnlich?

Wir können bezüglich jeder einzelnen Merkmalsausprägung den Zufallsversuch als BERNOULLI-Versuch auffassen:

1. Art: $\mu_1 = 60 \cdot 0,5 = 30$
$\sigma_1 = \sqrt{60 \cdot 0,5 \cdot 0,5} = 3,87$

$k_1 = 27$ liegt *innerhalb* der $2\sigma_1$-Umgebung von μ_1!

2./3. Art: $\mu_2 = \mu_3 = 60 \cdot 0,25 = 15$
$\sigma_2 = \sigma_3 = \sqrt{60 \cdot 0,25 \cdot 0,75} = 3,35$

$k_2 = 10$ liegt *innerhalb* der $2\sigma_2$-Umgebung von μ_2!
$k_3 = 23$ liegt *außerhalb* der $2\sigma_3$-Umgebung von μ_3!

Wie soll man hier entscheiden, ob das Stichprobenergebnis *insgesamt* ungewöhnlich ist?

3. χ^2-Test

> Bei Polynomialverteilungen untersuchen wir die Abweichungen aller Zufallsgrößen $X_1, \ldots, X_r$ von den jeweiligen Erwartungswerten $\mu_1, \ldots, \mu_r$ mit Hilfe der Größe χ^2 (lies: *Chi-Quadrat*):
>
> $$\chi^2 = \frac{(X_1 - \mu_1)^2}{\mu_1} + \ldots + \frac{(X_r - \mu_r)^2}{\mu_r}$$

In Beispiel (2) ergibt sich dann:

$$\chi^2 = \frac{(27-30)^2}{30} + \frac{(10-15)^2}{15} + \frac{(23-15)^2}{15}$$

$$= \frac{9}{30} + \frac{25}{15} + \frac{64}{15} = 6{,}233$$

χ^2 und Binomialverteilungen

Wir untersuchen zunächst einmal, was die Größe χ^2 im Falle $r=2$ (Binomialverteilung) bedeutet:

$$\chi^2 = \frac{(X_1 - np_1)^2}{np_1} + \frac{(X_2 - np_2)^2}{np_2}$$

Wegen $p_2 = 1 - p_1$ und $X_2 = n - X_1$:

$$\chi^2 = \frac{(X_1 - np_1)^2}{np_1} + \frac{(n - X_1 - n(1-p_1))^2}{n(1-p_1)}$$

$$= \frac{(X_1 - np_1)^2}{np_1} + \frac{(np_1 - X_1)^2}{n(1-p_1)}$$

$$= \frac{(1-p_1)(X_1 - np_1)^2 + p_1(X_1 - np_1)^2}{np_1(1-p_1)}$$

$$= \frac{(X_1 - np_1)^2}{np_1(1-p_1)} = \frac{(X_1 - \mu_1)^2}{\sigma_1^2} = \left(\frac{X_1 - \mu_1}{\sigma_1}\right)^2$$

Dies ist gerade das Quadrat der Abweichung vom Erwartungswert – gemessen in Vielfachen von σ_1! (Dies entspricht dem Quadrat der standardisierten Zufallsgröße von Seite 104!)

Für $r = 2$ gilt also:

$P(\chi^2 \leq 4) \approx 0{,}955$

$P(\chi^2 \leq 9) \approx 0{,}997$

In der Praxis ist es oft üblich, Sicherheitswahrscheinlichkeiten von 95% oder 99% zu betrachten. Dann ergibt sich (vgl. Seite 104):

$P(\chi^2 \leq 1{,}96^2) = P(\chi^2 \leq 3{,}84) \approx 0{,}95$

$P(\chi^2 \leq 2{,}58^2) = P(\chi^2 \leq 6{,}63) \approx 0{,}99$

Bei Binomialverteilungen ($r=2$) gilt dies für beliebige Stichprobenumfänge und Erfolgswahrscheinlichkeiten, falls die LAPLACE-Bedingung $n \cdot p \cdot (1-p) > 9$ erfüllt ist.

Auch für Polynomialverteilungen mit $r > 2$ gilt ein entsprechender Satz; die 95%-Umgebungen (99%-Umgebungen) sind durch bestimmte Werte von χ^2 bestimmt:

Falls $n \cdot p_i \geq 5$ ($i = 1, \ldots, r$) und $n \geq 30$ ist, dann gibt es zu den Sicherheitswahrscheinlichkeiten 0,95 und 0,99 *kritische Werte* für χ^2 mit der Eigenschaft:

95% (99%) aller Stichprobenergebnisse haben einen Wert für χ^2, der höchstens gleich dem kritischen Wert ist.

> Ein Stichprobenergebnis bezeichnen wir als *verträglich* mit den Erfolgswahrscheinlichkeiten $p_1, \ldots, p_r$, wenn der χ^2-Wert höchstens gleich dem zugehörigen kritischen Wert ist. Andernfalls nennen wir es *ungewöhnlich*.

Freiheitsgrad

Kennt man bei einem n-stufigen Zufallsversuch mit den polynomialverteilten Zufallsgrößen $X_1, \ldots, X_r$ die absolute Häufigkeit, mit der $r-1$ der r Ausprägungen auftreten, dann weiß man auch, wie oft die verbleibende Merkmalsausprägung auftritt (im Falle $r=2$: Kennt man bei BERNOULLI-Versuchen die Anzahl der Erfolge, dann kennt man auch die Anzahl der Mißerfolge).

Beispiel:

(3) Ist $n = 100$, $r = 5$ und

$k_1 = 27$, $k_2 = 12$, $k_3 = 34$ und $k_4 = 19$,

dann ist $k_5 = 100 - 27 - 12 - 34 - 19 = 8$.

Man nennt $f = r - 1$ die **Anzahl der Freiheitsgrade**.

Kritische Werte für χ^2

Freiheitsgrad $f = r - 1$	Sicherheitswahrscheinlichkeit	
	0,95	0,99
1	3,84	6,63
2	5,99	9,21
3	7,81	11,34
4	9,49	13,28
5	11,07	15,09
6	12,59	16,81
7	14,07	18,48
8	15,51	20,09
9	16,92	21,67
10	18,31	23,21

Im Beispiel (2) mit r = 3, also f = 2 war

$\chi^2 = 6{,}233 > 5{,}99$,

d. h. das Stichprobenergebnis ist insgesamt als ungewöhnlich anzusehen (Sicherheitswahrscheinlichkeit 95%).

In der folgenden Abbildung sind sämtliche ungewöhnlichen und mit den Erfolgswahrscheinlichkeiten verträglichen Stichprobenergebnisse zum Zufallsversuch aus Beispiel (2) dargestellt (Sicherheitswahrscheinlichkeit 95%):

Annahme- und Verwerfungsbereich des χ^2-Tests
für 2 Freiheitsgrade, Stichprobenumfang 60 und Erfolgswahrscheinlichkeiten $p_1 = 0{,}5$; $p_2 = 0{,}25$:

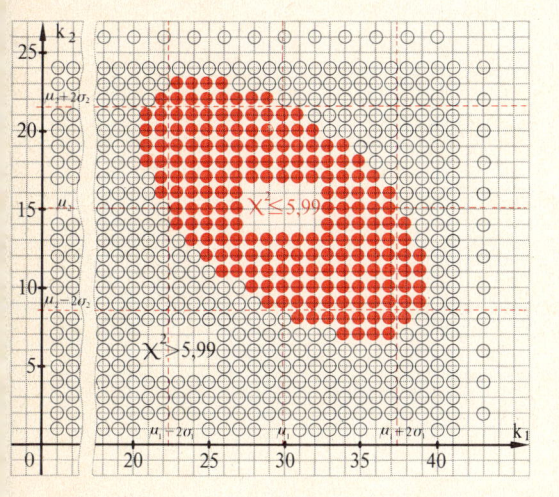

Anmerkung: Die 95%-Umgebungen um den Erwartungswert sind im Falle zweier Freiheitsgrade Ellipsen im k_1-k_2-Koordinatensystem.

Aus der Abbildung entnehmen wir z. B.:

– Der Ausgang $k_1 = 36$, $k_2 = 20$ (d. h. $k_3 = 4$) ist als ungewöhnlich anzusehen, denn

$\chi^2 = 10{,}933 > 5{,}99$.

– Der Ausgang $k_1 = 39$, $k_2 = 11$ (d. h. $k_3 = 10$) ist insgesamt als verträglich mit den Erfolgswahrscheinlichkeiten anzusehen (obwohl k_1 außerhalb der zugehörigen $2\sigma_1$-Umgebung von μ_1 liegt), denn

$\chi^2 = 5{,}433 \leq 5{,}99$.

Beispiel:

(4) Absolute Häufigkeiten der Ziffern beim *Spiel 77* bis Ende 1978 (vgl. Seite 98, Ü 5):

Ziffer	absolute Häufigkeit
1	147
2	130
3	149
4	138
5	153
6	152
7	140
8	143
9	158
0	153

Wir prüfen, ob die Ergebnisse verträglich sind mit den Erfolgswahrscheinlichkeiten

$p_0 = p_1 = \ldots = p_9 = 0{,}1$:

Stichprobenumfang $n = 209 \cdot 7 = 1463$

Erwartungswerte $\mu_i = 146{,}3$

$\chi^2 = \dfrac{(147 - 146{,}3)^2}{146{,}3} + \dfrac{(130 - 146{,}3)^2}{146{,}3} +$

$\ldots + \dfrac{(158 - 146{,}3)^2}{146{,}3} + \dfrac{(153 - 146{,}3)^2}{146{,}3}$

$= 4{,}46$

Die Anzahl der Freiheitsgrade beträgt $f = 10 - 1 = 9$, der kritische Wert für χ^2 ist also 16,92.

Wegen $\chi^2 = 4{,}46 \leq 16{,}92$ sind die in der Tabelle angegebenen absoluten Häufigkeiten verträglich mit den angegebenen Erfolgswahrscheinlichkeiten.

Übungen zum χ^2-Test:

(1) Seite 60, Aufgabe **3**

(2) Seite 61, Ü **11** a)

(3) Seite 62, Ü **14**

(4) Seite 62, Ü **15** b)

(5) Seite 82, Ü **5**

(6) Seite 87, Aufgabe **3** a) (Typ MN × MN)

(7) Seite 88, Ü **6** a)

(8) Seite 89, Ü **7** a)

(9) Seite 91, Ü **13**

(10) Seite 96, Ü **5**

(11) Seite 98, Ü **3**

Hinweise zu (10): $f = 12$, $P(\chi^2 \leq 21{,}03) \approx 0{,}95$

zu (11): $f = 48$, $P(\chi^2 \leq 65{,}16) \approx 0{,}95$

Kumulierte Binomialverteilung für n = 10

k	p = 0,1	p = 0,2	p = 0,25	p = 0,3	p = 0,4	p = 0,5
0	0,349	0,107	0,056	0,028	0,006	0,001
1	0,736	0,376	0,244	0,149	0,046	0,011
2	0,930	0,678	0,526	0,383	0,167	0,055
3	0,987	0,879	0,776	0,650	0,382	0,172
4	0,998	0,967	0,922	0,850	0,633	0,377
5	1,000	0,994	0,980	0,953	0,834	0,623
6	1,000	0,999	0,996	0,989	0,945	0,828
7	1,000	1,000	1,000	0,998	0,988	0,945
8	1,000	1,000	1,000	1,000	0,998	0,989
9	1,000	1,000	1,000	1,000	1,000	0,999
10	1,000	1,000	1,000	1,000	1,000	1,000

Kumulierte Binomialverteilung für n = 20

k	p = 0,1	p = 0,2	p = 0,25	p = 0,3	p = 0,4	p = 0,5
0	0,122	0,012	0,003	0,001	0,000	0,000
1	0,392	0,069	0,024	0,008	0,001	0,000
2	0,677	0,206	0,091	0,035	0,004	0,000
3	0,867	0,411	0,225	0,107	0,016	0,001
4	0,957	0,630	0,415	0,238	0,051	0,006
5	0,989	0,804	0,617	0,416	0,126	0,021
6	0,998	0,913	0,786	0,608	0,250	0,058
7	1,000	0,968	0,898	0,772	0,416	0,132
8	1,000	0,990	0,959	0,887	0,596	0,252
9	1,000	0,997	0,986	0,952	0,755	0,412
10	1,000	0,999	0,996	0,983	0,872	0,588
11	1,000	1,000	0,999	0,995	0,943	0,748
12	1,000	1,000	1,000	0,999	0,979	0,868
13	1,000	1,000	1,000	1,000	0,994	0,942
14	1,000	1,000	1,000	1,000	0,998	0,979
15	1,000	1,000	1,000	1,000	1,000	0,994
16	1,000	1,000	1,000	1,000	1,000	0,999
17	1,000	1,000	1,000	1,000	1,000	1,000

Kumulierte Binomialverteilung für n = 50

k	p = 0,1	p = 0,2	p = 0,25	p = 0,3	p = 0,4	p = 0,5
0	0,005	0,000	0,000	0,000	0,000	0,000
1	0,034	0,000	0,000	0,000	0,000	0,000
2	0,112	0,001	0,000	0,000	0,000	0,000
3	0,250	0,006	0,000	0,000	0,000	0,000
4	0,431	0,018	0,002	0,000	0,000	0,000
5	0,616	0,048	0,007	0,001	0,000	0,000
6	0,770	0,103	0,019	0,002	0,000	0,000
7	0,878	0,190	0,045	0,007	0,000	0,000
8	0,942	0,307	0,092	0,018	0,000	0,000
9	0,975	0,444	0,164	0,040	0,001	0,000
10	0,991	0,584	0,262	0,079	0,002	0,000
11	0,997	0,711	0,382	0,139	0,006	0,000
12	0,999	0,814	0,511	0,223	0,013	0,000
13	1,000	0,889	0,637	0,328	0,028	0,000
14	1,000	0,939	0,748	0,447	0,054	0,001
15	1,000	0,969	0,837	0,569	0,096	0,003
16	1,000	0,986	0,902	0,684	0,156	0,008
17	1,000	0,994	0,945	0,782	0,237	0,016
18	1,000	0,997	0,971	0,859	0,336	0,032
19	1,000	0,999	0,986	0,915	0,446	0,059
20	1,000	1,000	0,994	0,952	0,561	0,101
21	1,000	1,000	0,997	0,975	0,670	0,161
22	1,000	1,000	0,999	0,988	0,766	0,240
23	1,000	1,000	1,000	0,994	0,844	0,336
24	1,000	1,000	1,000	0,998	0,902	0,444
25	1,000	1,000	1,000	0,999	0,943	0,556
26	1,000	1,000	1,000	1,000	0,969	0,664
27	1,000	1,000	1,000	1,000	0,984	0,760
28	1,000	1,000	1,000	1,000	0,992	0,839
29	1,000	1,000	1,000	1,000	0,997	0,899
30	1,000	1,000	1,000	1,000	0,999	0,941
31	1,000	1,000	1,000	1,000	0,999	0,968
32	1,000	1,000	1,000	1,000	1,000	0,984
33	1,000	1,000	1,000	1,000	1,000	0,992
34	1,000	1,000	1,000	1,000	1,000	0,997
35	1,000	1,000	1,000	1,000	1,000	0,999
36	1,000	1,000	1,000	1,000	1,000	1,000

Kumulierte Binomialverteilung für n = 100

k	p = 0,1	p = 0,2	p = 0,25	p = 0,3	p = 0,4	p = 0,5
0	0,000	0,000	0,000	0,000	0,000	0,000
1	0,000	0,000	0,000	0,000	0,000	0,000
2	0,002	0,000	0,000	0,000	0,000	0,000
3	0,008	0,000	0,000	0,000	0,000	0,000
4	0,024	0,000	0,000	0,000	0,000	0,000
5	0,058	0,000	0,000	0,000	0,000	0,000
6	0,117	0,000	0,000	0,000	0,000	0,000
7	0,206	0,000	0,000	0,000	0,000	0,000
8	0,321	0,001	0,000	0,000	0,000	0,000
9	0,451	0,002	0,000	0,000	0,000	0,000
10	0,583	0,006	0,000	0,000	0,000	0,000
11	0,703	0,013	0,000	0,000	0,000	0,000
12	0,802	0,025	0,001	0,000	0,000	0,000
13	0,876	0,047	0,002	0,000	0,000	0,000
14	0,927	0,080	0,005	0,000	0,000	0,000
15	0,960	0,129	0,011	0,000	0,000	0,000
16	0,979	0,192	0,021	0,001	0,000	0,000
17	0,990	0,271	0,038	0,002	0,000	0,000
18	0,995	0,362	0,063	0,005	0,000	0,000
19	0,998	0,460	0,100	0,009	0,000	0,000
20	0,999	0,559	0,149	0,016	0,000	0,000
21	1,000	0,654	0,211	0,029	0,000	0,000
22	1,000	0,739	0,286	0,048	0,000	0,000
23	1,000	0,811	0,371	0,076	0,000	0,000
24	1,000	0,869	0,462	0,114	0,001	0,000
25	1,000	0,913	0,553	0,163	0,001	0,000
26	1,000	0,944	0,642	0,224	0,002	0,000
27	1,000	0,966	0,722	0,296	0,005	0,000
28	1,000	0,980	0,792	0,377	0,008	0,000
29	1,000	0,989	0,850	0,462	0,015	0,000
30	1,000	0,994	0,896	0,549	0,025	0,000
31	1,000	0,997	0,931	0,633	0,040	0,000
32	1,000	0,998	0,955	0,711	0,062	0,000
33	1,000	0,999	0,972	0,779	0,091	0,000
34	1,000	1,000	0,984	0,837	0,130	0,001
35	1,000	1,000	0,991	0,884	0,179	0,002
36	1,000	1,000	0,995	0,920	0,239	0,003
37	1,000	1,000	0,997	0,947	0,307	0,006
38	1,000	1,000	0,999	0,966	0,382	0,010
39	1,000	1,000	0,999	0,979	0,462	0,018
40	1,000	1,000	1,000	0,987	0,543	0,028
41	1,000	1,000	1,000	0,993	0,623	0,044
42	1,000	1,000	1,000	0,996	0,697	0,067
43	1,000	1,000	1,000	0,998	0,763	0,097
44	1,000	1,000	1,000	0,999	0,821	0,136
45	1,000	1,000	1,000	0,999	0,869	0,184
46	1,000	1,000	1,000	1,000	0,907	0,242
47	1,000	1,000	1,000	1,000	0,936	0,309
48	1,000	1,000	1,000	1,000	0,958	0,382
49	1,000	1,000	1,000	1,000	0,973	0,460
50	1,000	1,000	1,000	1,000	0,983	0,540
51	1,000	1,000	1,000	1,000	0,990	0,618
52	1,000	1,000	1,000	1,000	0,994	0,691
53	1,000	1,000	1,000	1,000	0,997	0,758
54	1,000	1,000	1,000	1,000	0,998	0,816
55	1,000	1,000	1,000	1,000	0,999	0,864
56	1,000	1,000	1,000	1,000	1,000	0,903
57	1,000	1,000	1,000	1,000	1,000	0,933
58	1,000	1,000	1,000	1,000	1,000	0,956
59	1,000	1,000	1,000	1,000	1,000	0,972
60	1,000	1,000	1,000	1,000	1,000	0,982
61	1,000	1,000	1,000	1,000	1,000	0,990
62	1,000	1,000	1,000	1,000	1,000	0,994
63	1,000	1,000	1,000	1,000	1,000	0,997
64	1,000	1,000	1,000	1,000	1,000	0,998
65	1,000	1,000	1,000	1,000	1,000	0,999
66	1,000	1,000	1,000	1,000	1,000	1,000

Stichwortverzeichnis

abhängige Versuchsausgänge 24
absolute Häufigkeit 9
Abweichung, mittlere quadratische 55
–, signifikante 60
Addition von Wahrscheinlichkeiten 15, 16, 23
Allele 84
Allelzählmethode 87
Allensbach 60, 80, 82
Allgemeines Zählprinzip 30
Anfangsbuchstaben von Familiennamen 100
Annahmebereich 70
– beim Chi-Quadrat-Test 107
Anordnen von Dingen 32
Antigene 87
Anwendung der Binomialverteilung 49, 50, 51
Anzahl
– der Erfolge 40, 42, 57
– der Möglichkeiten 30
– der Pfade beim BERNOULLI-Versuch 41, 42
Arbeitszeit 80, 81
Augensumme beim Würfeln 17, 20
Ausgang eines Zufallsversuchs 8, 14
Ausgangspopulation 85
Ausprägung 8

Baumdiagramm 22
benachbarte Zahlen im Lotto 36, 98
BERNOULLI-Versuch 38
– Anzahl der Pfade 41, 42
– und Ziehen ohne Zurücklegen 39
– Verteilungen 40, 43
– Wahrscheinlichkeiten 42
– Zufallsgrößen 40
Beweis in der Statistik 71
Binomialkoeffizient 43
Binomial-Test-Modell 102
Binomialverteilungen 43
– Eigenschaften 44
– Erwartungswert 48
– Maximum 47, 48
– Standardabweichung 55
– Symmetrie 44, 45, 52, 72
– Tabellen 108, 109
– Varianz 55
Binomische Formeln 34, 43
Blutgruppen 72, 86, 87, 88, 89
Bruteier 59
Buchstaben, Auftreten von 101
Buchungen 78
Bundesländer 13, 60, 81
Bundesrepublik, Geburtenzahlen 95

Chi-Quadrat-Test 106, 107
Chromosomen 83
Computersimulation 99

DDR, Geburtenzahlen 95
Domino 25

Ehen, Kinderzahlen in 68, 83
Ehetyp (Genetik) 84
einseitige Hypothese 72
einstufiger Zufallsversuch 8
Elementarereignis 14
– Summenregel 15
Emnid 60
Entscheidung beim Testen von Hypothesen 70, 71
Entscheidungsregel 74
Ereignis 14
–, Gegen- 14, 17
–, Oder- 14, 16
–, sicheres 14
–, Und- 14
–, unmögliches 14
– -e, unvereinbare 16
– -e, vereinbare 16
Erfolg 38
Erfolgswahrscheinlichkeit 38
Ergebnis einer Stichprobe 8
erhebliche Abweichung 82
Erhebungen, repräsentative 13
Erwartungswert
– bei Binomialverteilungen 48
– einer Zufallsgröße 26
EULERsche Zahl 104

faire Spielregel 26
Fakultät 32
Familiennamen 100, 101
Fehler
– beim Testen von Hypothesen 74
– 1. Art 74
– 2. Art 74
Fernsehsendungen 82, 83
Freiheitsgrad 106
Fußball 11, 18
Fußballtoto 36

Gebrauchsgüter 51, 59, 65, 66, 67
Geburtenstatistik 60, 61, 94, 95
Geburtstage im Jahr 61, 79, 96
Geburtstagsproblem 37
Gegenereignis 14
– Regel 17
Genauigkeit einer Schätzung 9, 64, 76
Genetik 84
geschichtetes Stichprobenverfahren 13
Geschlechterverteilung in Familien 42, 96
Gewinn 26, 29, 36
gleichberechtigte Ausgänge 12
Gleichheit von Anteilen 86
Grundgesamtheit 8

Häufigkeit
–, absolute 9
–, relative 9
Häufigkeitspolygon 19
Hand-Dominanz-Test 102
HARDY-WEINBERG-Gesetz 85
Hauptuntersuchung 77

Haushalte in der Bundesrepublik 51
- Anzahl 83
- Ausstattung 51, 59, 65, 66, 67
- Nettoeinkommen 83
heterozygot 84
Histogramm 18, 44, 104
Höchstzahl von Erfolgen 78
hochsignifikant 72
homozygot 84
Hypothese 70
hypothetische Erfolgswahrscheinlichkeit 70

indirekter Beweis 71
INFAS 60, 81, 82
Infratest 60
inkompatible Blutgruppen 90
Irrtumswahrscheinlichkeit
- beim einseitigen Test 70
- beim zweiseitigen Test 72

Jungengeburten 42, 60, 61, 94, 95, 96

Kartenspiel 16, 25, 37
Karzinom 70, 91
Kinderzahl in Ehen 68
Klumpenverfahren 13
kombinatorische Probleme 30
Komplementärregel 17
Konfidenzintervall
- für p 64, 65
- für μ 68
- Näherungsmethode 66
- und Testen von Hypothesen 73
Konsumentenrisiko 75
Konsumgüter 51, 59, 65, 66, 67
Kraftfahrzeuge 10, 18
Krankheiten und Blutgruppen 91
Kreisdiagramm 19
Kreuzung von Pflanzen 50, 93
Kritische Werte für χ^2 106
Küken 59
kumulierte Wahrscheinlichkeiten 49

LAPLACE-Bedingung 57, 106
LAPLACE-Versuche 12, 15
LAPLACE-Wahrscheinlichkeit 12
Lebensversicherung 103
Linkshänder 69, 102
Losverfahren 13
Lotto 25, 36, 59, 62, 97, 98
Lufthansa 79

Mastermind 37
Maximum
- bei Binomialverteilungen 47, 48
- bei Polynomialverteilungen 105
Mehrheit der Bevölkerung 64, 73, 77
mehrstufiger Zufallsversuch 8
- Regel für Wahrscheinlichkeit 22, 23
Meinungsbefragung 51, 80
Meinungsforschungsinstitute 13, 60, 80, 81, 82
MENDEL 93

Mensch ärgere Dich nicht 14, 39, 99
Merkmal 8
Merkmalsausprägung 8
Mikrozensus 13, 83, 100
Mindestanzahl von Erfolgen 78
Mischen von Substanzen 71
Mißerfolg 38
Mittelwert einer Zufallsgröße 26
mittlere Lebenserwartung 28
mittlere quadratische Abweichung 55
Münzwurf 12, 27, 40, 41, 51, 70
Multiple-Choice-Test 51, 102
Multiplikation von Wahrscheinlichkeiten 22

Nachkommen 85
Näherungsverfahren (Bestimmung von Konfidenzintervallen) 66, 73
näherungsweiser BERNOULLI-Versuch 39
Normalverteilung 104
notwendiger Stichprobenumfang 63, 76, 78
n-stufiger BERNOULLI-Versuch 38

Oderereignis 14
- Regel 16

Parkplatz 32, 50
Partnerwahl, zufällige 85
PASCALsches Dreieck 34, 41
Pfadregeln
- Additionsregel 23
- Multiplikationsregel 22
Pfadwahrscheinlichkeit 23
Phänotyp 84
Piktogramm 19
Polynomialverteilung 105
Produktionskontrolle 11, 23, 24, 40, 59, 74, 75
Produzentenrisiko 75
PTC-Schmecker 92

quadratische Ungleichung 65
Quote 13, 81

Raucher 69
Reißnagelwurf 11, 22, 40
relative Häufigkeit 9
- und Erfolgswahrscheinlichkeit 63
Rennquintett 36
repräsentative Erhebung 13
Rhesus-Faktor 86, 88
Risiko
- 1. Art 75
- 2. Art 75
Rückstand der Ziehungshäufigkeit 25

Satz über sigma-Umgebungen 57, 60
Schätzen von Wahrscheinlichkeiten 9, 10, 65
Schmecker 92
Schluß von der Gesamtheit auf die Stichprobe 12, 58
Schluß von der Stichprobe auf die Gesamtheit 12, 64
Schweiz, Geburtenzahlen 95
Sehbeteiligung 82, 83

sicheres Ereignis 14
Sicherheitswahrscheinlichkeit
– 95,5%, 99,7% 58, 64
– andere Werte 104
sigma 55
– Umgebung 56
signifikante Abweichung 60
Silbenzahl von Wörtern 101
sinnvolle Anzahl von Dezimalstellen 65, 68, 69
Skat 37
Spiegelung von Histogrammen 46
Spielautomat 28
Spiel 77 98, 107
Stabilität der relativen Häufigkeit bei langen Versuchsreihen 10, 12, 63
Standardabweichung 55
Standardisieren von Binomialverteilungen 104
Standard-Normalverteilung 104
Statistisches Bundesamt 10, 13, 18, 28, 59, 60, 65, 66, 67, 68, 69, 81, 83, 94, 95, 100
Sterbetafel 10, 22, 24, 28, 59, 103
Stichprobenentnahme 33
Stichprobenraum 14
Stichprobenumfang 8
–, notwendiger 63, 76, 78
Streuung um den Erwartungswert 54
Strichdiagramm 19
Summenregel für
– Elementarereignisse 15
– zwei Ereignisse 16
– Pfade 23
Symmetrie von Binomialverteilungen 44, 45, 52, 72

Tabellen zur Binomialverteilung 108, 109
–, Benutzung der 49, 50, 51
Teilbarkeit 14, 15, 16, 21
Teilmengenbildung, Regel 33
Telefonbuch 100, 101
Teleskopie 83
Testen von Hypothesen 70, 71
– und Konfidenzintervalle 73
Toto 36
TÜV 9, 10, 61

Umfang einer Stichprobe 8
–, notwendiger 63, 76, 78
Umgebung um den Erwartungswert 54, 107
– Satz über sigma-Umgebungen 57, 60
unabhängige Versuchsausgänge 24
Underereignis 14
ungewöhnliche Stichprobenergebnisse 60
– bei Polynomialverteilungen 105, 106
ungünstigste Schätzung 76
unmögliches Ereignis 14
unvereinbare Ereignisse 16

Varianz einer Zufallsgröße 54
– bei Binomialverteilungen 55
verdächtige Daten 70
vereinbare Ereignisse 16
vereinfachte Baumdiagramme 23

Vergleich von Anteilen 86
Vergröberung des Stichprobenraums 20
Vermutung, Beweis einer 71
Verteilen von Dingen 32
Verteilung
– -en bei BERNOULLI-Versuchen 40
– einer Zufallsgröße 20
verträglich mit Erfolgswahrscheinlichkeit 60, 64, 70
Verwerfungsbereich 70
– beim Chi-Quadrat-Test 107
Voruntersuchung 77

Wahlbefragung 67, 82
Wahlbeteiligung 58
Wahlergebnis 60, 82
Wahlnachfrage 82
Wahrscheinlichkeit 10
– bei BERNOULLI-Versuchen 42
– bei LAPLACE-Versuchen 15
– bei mehrstufigen Zufallsversuchen 22, 23
– eines Gegenereignisses 17
– eines Oderereignisses 16
–, Irrtums- 70, 72
–, Sicherheits- 58, 64, 104
Wahrscheinlichkeitsfunktion 17
Wahrscheinlichkeitsverteilung 18
– bei BERNOULLI-Versuchen 40
– von Zufallsgrößen 20
Warteliste 78
Wiederholung
– Ziehen mit 24, 30
– Ziehen ohne 24, 31
Würfeln 12, 17, 20
Würfelspiel 21, 26, 99

Zählprinzip 30
Ziehen 12
– bei BERNOULLI-Versuchen 39
– mit Zurücklegen 24, 30
– ohne Zurücklegen 24, 31
Ziehung der Lottozahlen 25, 36, 59, 62, 97, 98
zufällige Kombination 84
zufällige Partnerwahl 85
Zufälligkeit einer Stichprobe 13, 81
Zufallsgröße 20
– bei BERNOULLI-Versuchen 40
– Erwartungswert 26, 48
– Standardabweichung 55
– Varianz 55
Zufallsstichprobe, reine 13
Zufallsversuch 8
Zufallszahlengenerator 99
zunehmender Stichprobenumfang
– Binomialverteilungen 52
– sigma/n-Umgebung 62
Zungenrollen 92
Zurücklegen
– Ziehen mit 24, 30
– Ziehen ohne 24, 31
Zusatzzahl beim Lottospiel 98
zweiseitige Hypothesen 70, 72